图书在版编目(CIP)数据

北京小西山北麓浅山区景观规划与设计研究 ＝ Planning and Design of the Hillside Area in the North Foot of Xiaoxi Mountain, Beijing / 王向荣等编著 . —北京：中国建筑工业出版社，2020.6
（"绿都北京"研究系列丛书）
ISBN 978-7-112-25541-2

Ⅰ.①北… Ⅱ.①王… Ⅲ.①山区－景观规划②山区－景观设计 Ⅳ.① TU983

中国版本图书馆 CIP 数据核字（2020）第 186433 号

责任编辑：杜　洁　李玲洁
责任校对：李美娜

"绿都北京"研究系列丛书
Green Beijing Research Series

北京小西山北麓浅山区景观规划与设计研究
Planning and Design of the Hillside Area in the North
Foot of Xiaoxi Mountain, Beijing

北京林业大学园林学院
王向荣　郑曦　李倞　等　编著
★
中国建筑工业出版社出版、发行(北京海淀三里河路9号)
各地新华书店、建筑书店经销
天津图文方嘉印刷有限公司印刷
*
开本：787毫米×1092毫米　1/16　印张：12$\frac{3}{4}$　字数：418千字
2020 年 10 月第一版　　2020 年 10 月第一次印刷
定价：99.00元
ISBN 978-7-112-25541-2
　　　　（35987）

编 委 会

主　　编　王向荣　郑　曦　李　倞

副 主 编　张凯莉　李冠衡　李　正

　　　　　崔庆伟　赵　晶　匡　纬

　　　　　魏　方　毕　波

本研究由城乡生态环境北京实验室和北京林业大学
美丽中国人居生态环境研究院共同支持

前　言

美国著名风景园林师西蒙兹（John Simonds 1913—2005）出版过一本文集 Lessons(中文版书名为《启迪》)，书中有一篇文章记录了西蒙兹 1939 年到北平考察的经历。

在北京，西蒙兹拜访了一位祖上曾经参与规划了元大都的李姓建筑师，李先生非常赞赏他能到北京考察风景规划，并向西蒙兹简单地介绍了元大都的规划思想。"在这片有良好水源的平原上，将建设一个伟大的城市——人们在这里可以与上天、自然以及同伴们和谐共处"。"蓄水池以自然湖泊的面貌贯穿整个都城，挖出的土用来堆成湖边的小山，湖边和山上种植了从全国各地收集来的树木和花灌木"。"关于公园事宜和开放空间，可汗命令不能有孤立的公园。更准确地说，整个大都城将被规划成一个巨大而美丽的花园式公园，期间散布宫殿、庙宇、公共建筑、民居和市场，全都有机地结合在一起"。"从文献中我了解到北平被一些来此旅游的人称为世界上最美丽的城市，我不知道这是否正确。如果真是这样，那么这种美丽不是偶然形成的，而是从最大的布局构思到最小的细节——都是通过这样的方法规划而成的。"

北京的确如西蒙兹在文章中提到的李姓建筑师所说，是一座伟大的城市，也是一个巨大而美丽的花园式都城。

北京有着优越的地理条件，城市的西、北和东北被群山环绕，东南是平原。市域内有 5 条河流，其中的永定河在历史上不断改道，在这片土地上形成广阔的冲积扇平原，留下了几十条故道，这些故道随后演变为许多大大小小的湖泊，有些故道转为地下水流，在某些地方溢出地面，形成泉水。

北京又有着 3000 年的建城史。李先生提到的元大都已将人工的建造与自然环境完美地叠加融合在一起，到了清朝时期，北京城人工与自然的融合更加紧密完善。城市西北郊建造了三山五园园林群，西山和玉泉山的汇水和众多泉流汇纳在一起，形成这些园林中的湖泊，水又通过高粱河引入城市，串联起城中的一系列湖泊。许多宫苑、坛庙、王府临水而建，水岸也是城市重要的开放空间。城中水系再通过运河向东接通大运河。由此，北京城市内外的自然景观成为一个连贯完整的体系，这一自然系统承担着调节雨洪、城市供水、漕运、灌溉、提供公共空间、观光游览、塑造城市风貌等复合的功能。城市居住的基本单元——四合院平铺在棋盘格结构的城市中，但每一个四合院的院子里都有别样的风景，每个院子都种有大树，如果从空中鸟瞰，北京城完全掩映在绿色的海洋之中。

然而，随着人口的增加和城市建设的发展，北京的环境在迅速地变化着，古老的护城河已部分消失，一起消失的还有城市中的不少湖泊和池塘。特别是快速城市化以来，北京的变化更为剧烈。老城中低矮的四合院被高楼大厦取代，步行尺度的胡同变成了宽阔的道路。老城之外，城市建设不断向周边蔓延，侵占着田野、树林和湿地，城市内外完整的自然系统被阻断，积极的公共空间不断消失，而交通设施的无限扩张，又使得城市被快速路不断地切割，城市渐渐失去了人性化的尺度、也渐渐失去了固有的个性与特色。

　　面对自然系统的断裂和公共空间的破碎与缺失等城市问题，作为风景园林、城市规划和建筑学的教育和研究者，我们看到了通过维护好北京现有的自然环境和公园绿地，利用北京的河道、废弃的铁路和城市中的开放土地，改造城市快速交通环路，建设一条条绿色的廊道，并形成城市中一个完整的绿色生态网络，从而再塑北京完整的自然系统和公共空间体系的巨大机会。

　　这条绿色的生态网络可以重新构筑贯穿城市内外的连续自然系统，使得城市的人工建造与自然环境有机地融合在一起；这个网络可以将由于建造各种基础设施而被隔离分割的城市重新连接并缝合起来，形成城市的公共空间体系；这个网络可以承载更加丰富多彩的都市生活，成为慢行系统、游览、休憩和运动的载体，也成为人们认知城市、体验城市的场所；这个网络还可以带来周边地区更多的商业机会，促进周围社区的活力；这个网络更是城市中重要的绿色基础设施，承担着雨洪管理、气候调节、生态廊道、生物栖息场构建、生物多样性保护的关键作用……

　　这套丛书收录的是我们对北京绿廊和生态网络构建的研究和设想。当然，畅想总是容易的，而实施却面临着巨大的困难和不确定性，但是我们看到，世界上任何伟大的城市之所以能够建成，就是从畅想开始的，如同元大都的建设一样。

　　在《启迪》中那篇谈到北京的文章最后，西蒙兹总结到："要想规划一个伟大的城市，首先要学习规划园林，两者的原理是一样的"。

　　我们的研究实质上就是以规划园林的方式来改良城市，希望我们的这些研究成果也能对北京未来的建设和发展有所启迪。

2018 年 1 月

Forewords

The famous US landscape architect John Simonds once published a corpus named 'Lessons', and one of the articles in this book records the experience of Simonds's investigation to Beijing in 1939.

Simonds visited an architect surnamed Li whose ancestors once took part in planning of the Great Capital of Yuan in Beijing, and the architect admired that Simonds came to Beijing to study landscape planning. He also briefly introduced the planning thoughts of the Great Capital of Yuan to Simonds's group. According to architect Li, here on this well-watered plain, was to be built a great city in which man would find himself in harmony with God, with nature, and his fellow man. Throughout the capital were to be located reservoirs in the form of lakes and lagoons, the soil formed their excavations to be shaped into enfolding hills, planted with trees and flowering shrubs collected from the farthest reaches of his dominion. As for the matter of parks and open spaces, architect Li said the Khan decreed that no separate parks were to be set aside. Rather, the whole of Ta-Tu would be planned as one great inter-related garden-park, with palaces, temples, public buildings, homes and market places beautifully interspersed. He also added that he was led to believe that Peking (now present day Beijing) was regarded by some who have travelled here to be the most beautiful city of the world, which he could not know to be true. If so, it would be no happenstance, for from the broadest concept to the least detail — it was planned that way.

Just like what architect Li mentioned, Beijing is indeed a great city, also a grand gorgeous garden capital.

With superior geographical condition, Beijing city is surrounded by mountains in the west, north and northeast direction, and the southeast of the city is plain. There are 5 rivers in the city. Among them, the Yongding River has constant change of course in history, thus formed the vast alluvial fan plain here and has left dozens of old river courses. These old water courses then evolved into lakes with different scales, some even transformed into underground water streams and overflowed to the ground to form springs.

At the same time, Beijing has a history of 3000 years of city construction. As architect Li said, the Great Capital of Yuan has integrated the artificial construction and the natural environment perfectly. And when it came to Qing Dynasty, the integration of labor and nature is even more perfect in Beijing city. People built the 'Three Hills and Five Gardens' in the northwest of the city, so that the catchments of the West Mountain and Yuquan Mountain could join numerous springs together, and formed the lakes in these royal gardens. Then, water was introduced into the city through the Sorghum River, and thus a series of lakes inside the city are connected. Plenty of palatial gardens, temples and mansions of monarch were built in the waterfront, which makes the water bank an important open space for the whole city. The river system in the city heads for the east and connects to the Grand Canal, which makes the nature environment inside and outside the city into a coherent and complete system, which takes the charge of compound functions including the regulation of rain flood, city water supply, water transport, irrigation, providing public space, sightseeing function and shaping the cityscape. As the basic unit of urban living, Siheyuans are paved in the city with chessboard structure. Uniformed as they are in appearance, we can still see unique landscape and stories in each different courtyard. There are big trees thriving in each courtyard, as if they were telling the history of each family. If we have a bird's eye view from the air, Beijing will be completely covered in the green ocean.

However, with the population increase and the urban construction development, the environment of Beijing has been changing rapidly. The ancient moat has partly disappeared, together with many lakes and ponds in the city. Beijing has changed even more fast and violent since the rapid urbanization. Low Siheyuans have been replaced by skyscrapers, and Hutongs of walking scale also became broad roads for vehicles. Apart from the Old City, the urban construction in Beijing has been spreading to the surrounding area, invading the fields, forests and wetlands. As a result, the holistic natural system both inside and outside the city is blocked, active public space is disappearing, and the unlimited expansion of transportation facilities make the city constantly cut by express ways. We cannot deny that the city has gradually lost its humanized scale, and it has also gradually lost its inherent personality and characteristics.

In face of the city fracture problems of natural systems and the broken public space, as landscape architects, urban planners, architecture educators and researchers, we see huge opportunities to maintain the existing natural environment and garden greenways, use the river courses, disused railways and open lands in Beijing to reform the city fast traffic roads and construct several green corridors in order to form a complete green ecological network in the city, and remold integrated natural system and public space system in Beijing.

This green ecological network can reconstruct the continuous natural system running throughout the city, so that the artificial construction of the city can be organically integrated with the natural environment. The network can connect and stitch the city divided by all kinds of infrastructure, and form a public space system in Beijing. What's more, the network can carry more colorful urban life styles and become the supporter of slow travel system, sightseeing, recreation and sports, and it will turn into a place for people to cognize and experience the city. It can also bring more business opportunities in the surrounding areas to promote the vitality of the communities in the neighborhood. Above all, the network is a significant ecological infrastructure in the city, which plays key roles in rain and flood management, climate regulation, ecological corridors, biological habitat construction and biodiversity conservation, etc.

This collection includes our researches and thinking of greenways and the construction of ecological corridor network in Beijing. It is without doubts that imagination is always easy, while implementation is always faced with great difficulties and uncertainties. But we can see that any great city in the world was finally built up based on the imaginations in the beginning, just like the construction of the Great Capital of Yuan.

In the article about Beijing from 'Lessons', Simonds concluded that: If you want to plan a great city, you need to learn to plan gardens first, for the principles of both are the same.

Essentially, our research is to explore a way to improve a city in the way of planning gardens, and we do hope that our research results may enlighten the future construction and development in Beijing.

Wang Xiangrong
January, 2018

目录 / contents

04 研究团队
RESEARCH TEAM

01 课题简介

INTRODUCTION OF THE COURSE

"风景园林设计 STUDIO"系列课程是北京林业大学园林学院风景园林专业研究生必修课程之一，主要在研究生阶段的前三个学期展开，学生以小组形式合作完成。每一期课程都会以学科热门前沿的话题为切入点，在北京市范围内选择具有潜力的区域作为研究对象，分为前期调研、整体规划和节点设计三大主要阶段，总共历时 12 周左右，期间安排多次交流汇报工作。

　　历经多年教学探索，"风景园林设计 STUDIO"系列课程逐步形成了理论与实践、总体与专类相结合的复合教学体系。教学队伍多元化，每期课程均配置 10~12 名不同学科背景、不同知识结构的教师，围绕课程主题形成稳定互补的授课模式。课程采用"理论讲解 + 学生实践 + 定期评图汇报"的模式展开教学，深化师生互动，鼓励学生积极动手实践，初步构建专业技术人才所应具备的思维体系。

　　《北京小西山北麓浅山区景观规划与设计研究》是面向 2017 级风景园林专业研究生开展的第 3 次 STUDIO 课程，由郑曦教授任课程负责人，多个教研室师联合授课。课程以浅山区建设这一中国城市化研究热点作为背景，旨在结合规划更新和北京"留白增绿计划"挖掘新的城市绿色空间资源，建设一个连贯高效多元的浅山区生态网络。通过提出小西山北麓地区的生态保护、绿色更新和城镇发展等具体问题，引导学生探索如何在现有自然山体和建设开发基础上，通过建立绿色空间网络来保护和修复生态体系，实现乡镇可持续发展和振兴。

The "Landscape Design STUDIO" series of courses is one of the compulsory courses for graduate students majoring in landscape architecture at the School of Landscape Architecture, Beijing Forestry University. It is mainly launched in the first three semesters of graduate school, and students complete them in groups. Each course takes the hot topic of the subject as an entry point, and selects potential areas as research objects in Beijing, which is divided into three major stages of preliminary research, overall planning and node design, which lasts about 12 weeks During this period, several exchange reports were arranged.

After years of teaching exploration, the series of "Landscape Design STUDIO" courses have gradually formed a composite teaching system that combines theory and practice, and overall and special categories. The teaching team is diversified. Each course is equipped with 10-12 teachers with different subject backgrounds and different knowledge structures, forming a stable and complementary teaching model around the subject of the course. The course adopts the mode of "theoretical explanation + student practice + regular evaluation of graphics and reports" to deepen teacher-student interaction, encourage students to actively practice, and initially build a thinking system that professional and technical personnel should possess.

"Planning and Design of the Hillside Area in the North Foot of Xiaoxi Mountain, Beijing" is the third STUDIO course for graduate students majoring in landscape architecture in 2017. Professor Zheng Xi serves as the course leader and is jointly taught by multiple teaching and research division teachers. The course takes the construction of Hillside areas as a research hotspot in China's urbanization as a background. It aims to combine planning updates and Beijing's "blank whitening and greening plan" to explore new urban green space resources and build a coherent, efficient and diverse Hillside area ecological network. By proposing specific issues such as ecological protection, green renewal and urban development in the northern foothills of Xiaoxi Mountain, students are guided to explore how to protect and restore the ecological system through the establishment of a green space network on the basis of existing natural mountains and construction and development to achieve Continuous development and revitalization.

1   选题背景

新时期，党的十九大报告明确提出了将建设生态文明作为中华民族永续发展的千年大计，像对待生命一样对待生态环境，形成绿色发展方式和生活方式。北京市浅山区是山区与平原的过渡地带，是城市、乡村、自然生境与人类活动的混合地带，环境优美、资源丰富、古迹众多，承载着接受平原发展辐射和带动山区城镇化的双重职能。特殊的地理位置、自然特征与城市职能，浅山区（按照北京市规定，市域内高程在 100~300m 的浅山丘陵地区），是直接映射国家首都生态文明建设成效的一面镜子。

另外，浅山区规划建设也是国土空间规划中至关重要的一环。我国国土空间规划当前存在的问题：一是不能充分考虑空间开发的资源环境承载能力，致使空间开发破坏人与自然的和谐，影响区域的可持续发展；二是不能统筹城乡，城市总体规划难以解决的"城中村"和城郊接合部空间开发无序问题，土地利用总体规划也难以保持基本农田在空间上的稳定。这些问题在浅山区尤为明显，浅山区特殊的区位决定了它会更突出地反映自然生态与建设开发、市区与乡镇农村的矛盾，急需根据资源环境承载能力和区域经济优势，科学合理地安排区域内产业布局、城镇布局、重要生态功能保护和重大基础设施建设，指导和协调区域内其他国土空间规划的编制与实施。

过去，中国的城市浅山区往往被忽视，在快速城市扩展阶段出现了失控的局面，产生了自然破坏严重、环境问题显著、城市化发展混乱、社会问题突出等一系列问题。当下北京对于城市浅山区发展愈发重视，要求"抓生态修复和生态保护，进一步扩大绿色生态空间和环境容量，努力把浅山区建设成为首都城市建设发展的第一道生态屏障"。2017 年，《北京市城市总体规划（2016—2035 年）》发布，明确提出"加强浅山区生态修复和建设管控"。把"绿水青山就是金山银山"的发展理念落到实处，实现浅山优化、科学发展，把浅山区建设成为首都城市建设发展的第一道生态屏障，是目前北京浅山的首要建设目标。

2   课程项目概况

在时代背景和要求下，本次课程将研究区域选在被小西山东西向主山脊和京密引水渠围合形成 W 形碗状区域，与三山五园地区隔山相背，是北京西山自然生态系统向城市延伸的浅山区重要组成。本次研究的小西山北麓浅山地区以东、西及南侧以组成小西山北部的城子山、蘑菇帚、三柱香、双石岭、三昭山与百望山一线主山脊为界，北侧以京密引水渠为界。场地东西长约 10km，南北 2.5~4.6km 不等，平均 3km，总面积约为 30km^2。

该区域属于浅山区和受浅山区影响的平原地带，由于受到小西山阻隔影响，发展相对滞后。除了浅山山地以外，该区域主要包括自然村庄、新建住宅区、文教科研和部分旅游开发用地，且残存部分耕地和林地，城市更新发展潜力巨大。海淀区温泉镇位于规划范围内，旅游资源良好，休闲旅游产业潜力巨大。该区域突出反映了浅山区所具有的生态保护、经济产业发展、乡镇更新、土地优化利用等矛盾，本次研究重点探索如何在现有自然山体和城镇建设基础上，进行浅山区生态保护和景观营建，保护关键生态用地，重建自然生态体系，保护区域文化资源与绿地资源，探讨如何通过建立绿色空间网络发挥更大的综合效益。

3　课程目的

（1）掌握城乡规划、建筑和风景园林相结合的规划设计步骤和方法，学会用多学科的视角来思考和解决问题，对项目的综合性解决途径有一定的认识。

（2）研究与探讨风景园林规划设计的相关理论与方法，掌握浅山地区生态保护与绿色空间构建的重点内容。

（3）了解规划、林业、水利和市政等部门关于城镇、山地、林地和水体等人居环境要素的相关管理规范和技术要求，并了解这些对于风景园林规划设计的重要影响。

4　课程安排

本次课程分为研究阶段、总体规划阶段和重点地段设计阶段。总人数 101 人，共分 12 组，每组 8~9 人，以小组为单位提交成果。

（1）研究阶段

研究阶段的核心任务在于通过内外业结合的调研，从历史演变和综合现状的研究来发现研究区域内的问题，并构建解决和改善的思路。研究围绕浅山区自然生态系统、水利与交通基础设施、城镇乡村用地与历史演变和旅游产业三大主题展开，分别侧重于区域的生态保护、设施更新和产业振兴方向。该阶段历时 3 周，12 个小组按 3 大专题分配。每个专题下分配 4 个小组，其中以两小组结为合作小组，就同专题内容的调研进行交流合作。研究成果以不少于 2 张 A0 图版提交。

（2）总体规划阶段

总体规划阶段的核心任务在于结合调研成果，探讨小西山北麓浅山地区绿色空间网络的划定方法，允许对这一地区的绿地、水系要素的空间分布及必要的城市建设安排进行调整，以满足进一步保护生态历史环境、提升景观风貌、完善城市功能、促进乡村振兴、合理促进社会经济发展及改善民生的目的。该阶段历时 5 周，12 个小组分别完成一套规划方案，成果包括区域绿色网络概念性规划总平面图，相关城市建设要素调整规划图，能够充分说明规划思路的结构等相关分析图，绿地系统、水系、慢行系统与服务设施、植被系统等专项规划图等，规划成果以不少于 2 张 A0 图版提交。

（3）重点地段设计阶段

重点地段设计阶段的核心任务在于在已完成的绿色网络规划研究的基础上，设计出与规划定位、结构、功能相呼应，满足公共休闲、文化、生态等综合功能的绿色开放空间。同时，选取该设计中涉及的技术专题，如浅山生态保育、植物景观营造、雨洪管理或相关生态工程技术等，进行资料的查阅和平面及构造图纸的绘制。

该阶段历时 4 周，12 个小组分别独立完成，设计总面积不小于 40hm²，成果包括区位及现状分析图、理念阐释图、绿色开放空间设计总平面、设计分析图、竖向设计图、种植规划图、总体鸟瞰图，节点平面及透视效果，剖面，技术详图或细部构造，设计说明等，设计成果以 3~4 张 A0 图版提交。

（4）最终成果

最终汇报后，由教师团评委给出评价和分数。各组汇总三大阶段所有 A0 图版、A4 规划设计文本的电子档和纸质档，交资料室存档，并择优出版为 2017 级风景园林硕士课程设计作品集。

现代北京小西山植被景观的变迁

1 引言

小西山位于北京城区西北部，分属海淀区（四季青地区、香山街道、万柳地区、青龙桥街道、西北旺地区、温泉地区、苏家坨地区）、石景山区（苹果园街道、金顶街街道、广宁街道、古城街道、五里坨街道）和门头沟区（龙泉地区、军庄镇）（图1）。全山区属太行余脉，西面被军庄沟和永定河切割而与山系主体相脱离，其余三面与华北平原接壤，区内有一个自东北走向西南的主脉和由中部分向西北、正南两个余脉，以及玉泉山、万寿山、狼山、金顶山、石景山等孤峰（不包括八宝山、田村山、老山），海拔50~800m，平均坡度15°~35°，面积8000hm²，介于北纬39°55′~40°30′、东经116°5′~116°17′之间。小西山地质构造复杂，母岩主要为硬沙岩（70%）和辉绿岩（15%），不易风化，其形成的土壤往往发育不良、保水力差、土层较薄且缺乏腐殖质。小西山属温带大陆性

季风气候，平均气温为冬季-4.1℃至夏季25.7℃，年降水量680mm，有玉泉等20多处地下水出露，地表径流排入南沙河、永定河、南北旱河及清河。目前小西山的现状土地利用以绿地为主，植被大多是20世纪营造的侧柏、油松、刺槐、元宝枫、黄栌等人工林，其中约6000hm²位于西山试验林场内，面向中心城区的百望山、万安山和蟠龙山已被辟为森林公园（图2）。

小西山是中国现代林业的发源地，见证了国家介入山地造林和营林的全过程，其植被景观的变迁跨越了整个中国近现代史。自1913年北洋政府在此设立第一个由中国人经营的山地林场以来，不论政权如何更迭，小西山一直是历届政府推动现代林业的示范区，在此试验成功的科学技术和管理模式随后成为华北乃至全国范围内的样板。由于邻近中心城市，小西山的植被景观变迁也反映了现代中国城市化与山地景观之间的互动关系。下文尝试解剖这个代表性案例，为了解中国城市型山地景观的现

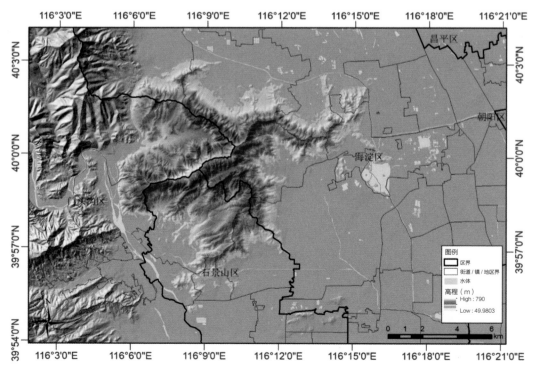

图1 北京小西山区位（作者自绘，山体范围系采用哈蒙德地形分类法在国家测绘局1：50000地形图上识别而得）
Figure 1 Beijing Xiaoxi Mountain District

代化进程提供线索，提炼对类似山地具有借鉴价值的普适性经验或教训。

2 山地造林的目的

帝制时代的中国缺少专门管理林业的政府部门，皇帝往往在名山、敕建寺庙、封禁地区、苑囿等处划定禁樵区，在其他区域则通过谕旨来督促地方官和民众护林。在北京小西山，1660 年顺治皇帝曾于万安山北法海寺（现金山陵园附近）立护林碑，上书"一切满汉居民闲杂人等，如有仍蹈前辙，放牧牛羊，作践山场，砍树割草，践踏田苗，从重治罪，决不姑贷，须至告示"[1]。随着皇权式微，小西山植被遭到严重破坏，从 20 世纪初外国游客的旅行笔记和照片中可以约略了解 20 世纪初小西山的景观风貌。在 1902—1903 年德国建筑师和历史学家恩斯特·博尔施曼（Ernst Boerschmann，1873—1949 年）拍摄的照片中，香山、天宝山及寿安山一带几乎完全是荒山秃岭，唯有碧云寺、卧佛寺和静宜园等少数佛寺道观和皇家园林内存在树木[2]。在 20 世纪 20 年代瑞典艺术史学家喜仁龙（Osvald Sirén，1879—1966 年）拍摄的照片中，静明园内玉泉山上部均童山濯濯，只有山下植有柏树[3]。1933—1946 年旅居北京的德国摄影师海达·莫里森（Hedda Morrison，1908—1991年）指出，这种状况当时普遍存在于京郊山区，任何可用作建材、柴火或牧草的植被都被当地的贫穷农民采伐了[4]。山地植被的破坏导致水患频仍，如1912—1949 年间北京及周边地区共有 19 个水灾年份，其中 1917 年 9 月特大洪灾淹没了 103 个县和 17646 个村，灾民达 5611759 人[5]。

事实上，在 20 世纪初的中国，因山地植被破坏而导致水患是全国各地普遍存在的现象[6]。由此，以孙中山为代表的一批有识之士开始呼吁进行一种基于土地适宜性的国土空间规划，将林业视为山地的最佳土地利用模式[7]。由于北京在国家政治中的地位，小西山开始成为现代林业的试验场，其造林工程从一开始就被赋予了全国性的示范意义。1912年北洋政府农商部在天坛设林艺试验场，次年在小西山东麓董四墓附近设立起了一个占地 2hm² 的分场，旨在试验可以移植到其他山区的造林技术，以缓解当时中国普遍存在的山洪灾害及木材短缺危机[8]。1915 年北洋政府批准以清明节为植树节，次年在小西山举行了中国第一个植树节庆典，并要求全国各级地方政府机关学校同时开展植树造林。1928 年国都南迁之后，小西山与南京中央模范林区、山东模范林场同为国民政府直辖的造林区，截至 1937 年造林面积已达约 240hm²[9]。为了推动游览区建设，新成立的北平市政府也参与了小西山绿化，主要在万寿山和玉泉山等风景名胜地栽植风景林和果树[10]。

20 世纪初的小西山绿化还得到了民间力量的支持，其中以私立中法大学最具代表性。该校为了补贴办学经费，曾在小西山及其周边设立 3 座农事试验场[11]。第一农事试验场建于 1922 年，位于碧云寺下的镶黄旗，造林集中在玉皇顶。第二农事试验场也建于 1922 年，位于温泉东南，今显龙山上的松树多为该场栽种。第三次农事试验场建于 1927年，位于今鹫峰林场，种植不少银杏。这些造林活动一直延续到解放初，直至 1950 年中法大学并入北京工业学院（1988 年更名为北京理工大学）才告结束。

抗日战争时期，为了避免木材过度依赖美国进口，华北政务委员会实业部积极推动造林事业，1941 年成立华北木材输入配给组合，1943 年又成立华北造林会[12]。华北造林会计划从 1944 年开始在整个华北地区营造山地林、河岸林、农田防风林、防沙林、碱地林和湿地林，为期 30 年，称：（1）抗日战争之胜败在于经济之优劣，造林是为了供给军事、交通、治安上之至要用具与建筑工程所必须之各种木材；（2）造林可以调剂气候和防止灾害，从而保障粮食生产，遏止共产主义在农村的蔓延[13]。华北造林会认为此非短期可成，应先在北京小西山进行小规模试验研究，等研究有得后再推广到冀东、河南、山东等地，但不久日本即宣布投降。国民政府接管北平后仍继续推动小西山造林工程，1947年农林部中央林业实验所华北林业试验场制定《西山玉泉山示范造林计划》，以国防、经济和风景为目标，拟 2 年绿化玉泉山，10 年绿化小西山主体，之后绿化妙峰山[14]。

中华人民共和国成立后，北京重新成为首都，小西山绿化被赋予政治意义。1954 年北京市林业勘测队在林业部协助下对西山荒山进行调查并拟定造林初步设计，总方针是为西郊森林公园创造条件，以适应城市建设发展远景要求[15]。1955 年中共北京市委作出《关于加强北京市造林绿化工作的决定》和《北京市人民政府关于绿化北京西山的计划》，在 3 年内基本完成小西山绿化，森林覆盖率增至76%[16]。根据小西山绿化成功经验，中共中央和国务院发出了关于在全国大规模造林的指示，要求在依靠群众造林的同时发展国营造林，北京市的国有林场也随之发展起来[17]。

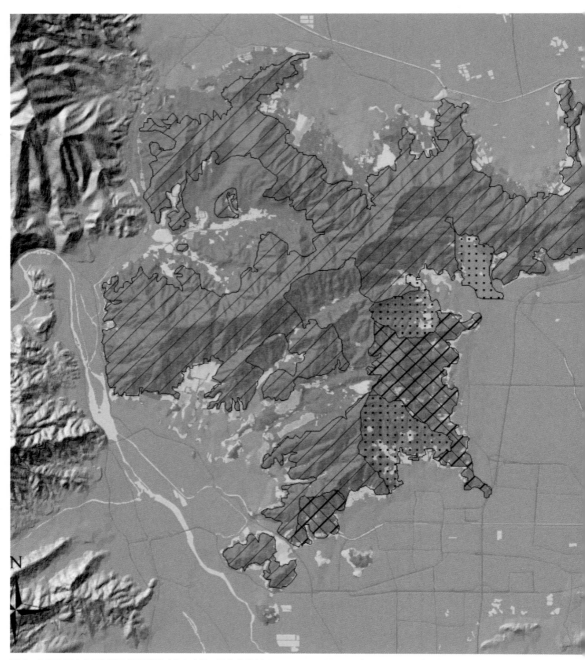

图 2　北京小西山土地利用及管理现状（作者自绘，地物分类基于 Pleiades 卫星 2019 年 5 月 1 日遥感影像进行识别）
Figure 2 Status of Land Use and Management in Xiaoxi Mountain, Beijing

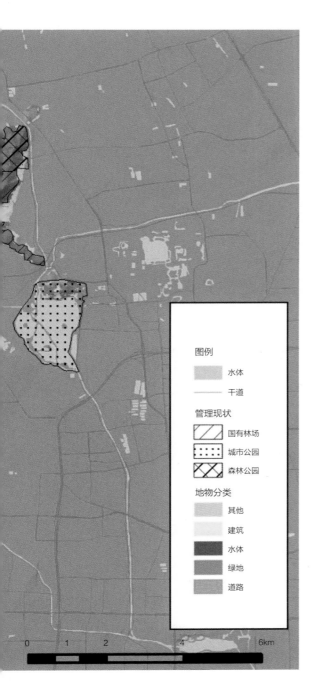

3　山地造林的挑战

　　小西山绿化之所以持续长达半个世纪，是因为山地造林面临诸多层面的挑战。首先，1913 年北京小西山分场建立之初，中国人尚缺少现代苗木产业，农商部只能向德国购买槐树种子，同时令东三省林务局采集枫、榆、松、柏种子，并从京郊采集果松、扁柏、槐、栗等乡土树种[1]。其次，小西山为石质山区，必须选择耐干旱贫瘠且生长迅速的树种，同时兼顾风景美观。例如，1935 年玉泉山和万寿山绿化工程仅在山麓水滨土质肥润处栽植西洋大樱桃、水蜜桃、苹果、京白梨等果树，在山上则以马尾松和落叶松为主[10]。类似的，1947 年小西山主体绿化工程也选择了油松和柏树，混植槐、栎、楸等可以生成腐殖质和观花果的落叶阔叶树种[13]。此外，北京春秋季干旱、夏季暴雨和冬季寒冷，直接播种往往无法存活，故需先在山下苗圃中培育成幼苗后再移栽，之后还需人工养护。在 1935 年绿化工程预算中，62.8% 用于购买树种及建设苗圃，33.7% 为劳工费用，其余为购买工具、肥料和杀虫剂及打井的费用，其中劳工费用主要用于在移栽后进行 3 次灌溉，以及在土壤瘠薄之处换土[10]。1944 年华北造林会在玉泉山以移栽法和播种法造林，曾雇工挑水上山灌溉，但之后因花费太大而停止，导致不少一开始成活的树木枯死[12]。有鉴于此，1947 年华北林业试验场用水龙引水上山，随时灌溉和除草，已造林处严禁放牧樵采[13]。总体而言，山地自然条件较为恶劣，造林的技术难度比平原造林更大，其相应的工程成本也更高。

　　为了减少财政开支，政府曾试图动员民间力量参与山地造林。1914 年北洋政府颁布《国家森林法》，允许私人或团体从荒山绿化中获益，豁免其租金和税款，如与国际贸易、造船、道路建设相关者还可获取资助。抗日战争时期，考虑到华北造林任务艰巨，日伪政府奖励苗圃以快速获得大量树苗，然后无偿赠予农民树苗以鼓励其栽种，期望其薪碳木材自足后会有意愿保护林木。第二次世界大战结束不久，华北林业试验场即开始为愿意开设苗圃者发放树种并提供技术指导，同时会同地方军政当局发动小西山造林区内的寺庙和学校等公私团体造林，计划每年私人造林占全部造林面积的 50% 以上[13]。中华人民共和国成立之初，人民政府也曾为小西山一带农民提供免费苗木和技术指导，农民按个人所提供的土地、劳力而计价作股分红，但当地群众对此持消极态度，担心造林后收归公有和封山育林，无法放牧樵采[18, 19]。这种社会阻力阻碍了小西山的造林进程，截至1954年，林区仅占小西山主体（今五环外部分）面积的9%，其余则为荒地（44%）、除地（24%，包括不便用地、道路、沟谷、房屋建筑地、岩石地及其他特殊用地）、农果区（19%）和纯农区（4%），全区人口中80%依靠纯农业及农副业收入生活[7]。

基于既往经验教训，1955年启动的小西山绿化工程转而采取义务劳动与国营雇工相结合的模式。3年时间共计37万名解放军驻京部队官兵参与造林，完成了总移植工作的76%，"三年困难"时期部队调离，改由中直机关、高等院校、驻京部队等26个单位对已造幼林进行分片包干抚育，至1962年相继撤离[1]。为了刺激各单位的积极性，1959年北京市政府将小西山上的72hm²土地划拨给相关单位作为副食品生产基地，自行种植果蔬及饲养牲畜。1962年单位陆续撤离，市政府批准成立西山试验林场，招收上山下乡知青800名，组建6个造林队和1个苗圃，林业建设由临时的义务劳动为主转为以固定的国营雇工为主[8]。至此，小西山土地利用模式变为以林区（53%）、农果区（23%）和除地（24%）为主，大部分荒坡、草坪、撂荒梯田、废石塘、岩石裸露区等可能引起水土流失的山地被改为林区，自由畜牧被改为定点饲养，粮食作物栽培被改为果树栽培。

4　山地营林的困境

1962—1978年间，西山试验林场将工作重点从幼林抚育转向粮食生产[15]。一开始实行林粮间作，发展木本粮油，在原来以非生产性树木为主的林区内种植了35hm²干果树（核桃和板栗）和52hm²水果树（苹果、桃、梨、杏和大枣）。由于水果和干果类树木不耐干旱，西山试验林场不得不大力投资建设泵站和水库，以满足不断增加的灌溉需求。"文化大革命"期间，林场一度下放分属海淀、石景山和门头沟三个区县领导，职工减少至100人，幼林抚育工作减少，特别是未能及时对20世纪50年代营造的油松和侧柏幼林进行间伐，导致幼林整齐度受到严重影响。在"以粮为纲"和"农业学大寨"方针指引下，林场大修梯田及栽植胡桃树，以改善职工生产和生活条件。

1979年以来，西山试验林场不再单纯强调粮食生产，转向发展多种经营以扩大林业建设资金来

源渠道。改革开放初期，林场筹建了木器厂、冰棍厂、商业门市部、工艺美术等，利润用于改善职工宿舍、淋浴设施、工作服及发放外业津贴和年终奖金[15]。林场还发展了以北京丹青园林绿化有限责任公司为龙头的园林绿化产业，以及包括天敌昆虫、昆虫病毒、微生物菌剂等产品的生物防治产业[20]。近年来，发展森林旅游逐渐成为林场的工作重点。1992年百望山率先向公众开放，配有徒步、寻宝、攀岩等娱乐设施，以及小西山绿化造林记碑亭和首绿绿色文化碑林等纪念景观[21]。

1992年西山试验林场成为国家林业局批准设立的首批国家森林公园之一，实行"场园一体"，鼓励社会资本参与林业建设。为了通过招商引资形式实现以林养林，1999年西山林场与新中实公司签订了《合作开发建设西山林区协议书》，双方约定共同将西山林场独资的"北京京西国家森林公园"改动股份，合作组建森林公园公司，其中新中实公司持股70%，享有资源、土地、基础设施使用权，每年需向林场缴纳林木保护费①。2001年北京市城市规划设计院编制《西山国家森林公园总体规划》，将小西山划分成5个景区，重点开发浅山区。然而，北京市林业局称为了杜绝旅游开发城市化、防止低价或无价转让森林风景资源及其土地经营权，西山国家森林公园规划不能单独报批，需等全市森林公园总体规划完成。另一方面，北京市规划委员会要求缩小规划范围，因为小西山土地使用单位众多，不确定因素甚多。由于规划迟迟无法获批，新中实公司拒绝缴纳林木保护费，而林场则提出终止协议，最终北京市第一中级人民法院判决公司解散。此后，西山试验林场无力进行大规模的公园建设，只能通过职工自筹资金进行局部开发[22]。2011年距离中心城区最近的万安山（门头村以西）对外开放，占地739hm²，公园设计遵循自然山水园范式，东麓门区以一条顺坡流下的花溪串联专类花园、假山瀑布及入口广场，中高海拔区域则点缀着观景平台和仿古亭廊，若干机动车道和阶梯式步道构成路网体系[23]。截至目前，政府在小西山森林公园建设中仍然发挥着主导作用，个人及私人团体的参与度有限。

5　走向多中心治理

在北京小西山从荒山秀岭变为国有林场和森林公园的过程中，生态保护和经济发展是各利益相关方介入山地造林与营林的主要驱动力，但两者之间往往

---

① 详见北京市第一中级人民法院网站：http://bj1zy.chinacourt.gov.cn/index.shtml.

存在矛盾，有时出现在政府部门内部，但更多时候体现在政府部门与私人部门之间的关系中。山地生态环境关乎下游公共安全，一旦破坏则需要投入大量的人力和物力才能恢复，因而政府往往倾向于强调生态保护，担心私人部门过于趋利而限制其参与治理。虽然政府主导型的山地林业建设可以较为有效地克服诸多困难，但也会造成沉重的财政负担，如果缺少私营部门的支持则可能难以为继。事实上，这种矛盾性普遍存在于当代中国的各个国有林场。2015 年中共中央、国务院印发《国有林场改革方案》，一方面规定国有林场由中央财政全额拨款以确保森林生态系统服务，另一方面又要求国有林场从市场购买森林抚育服务、吸引私人资本参与森林旅游开发、鼓励非政府组织和志愿者参与森林管理。这些改革措施是否能促进公私合作还有待观察，因为强调森林生态系统服务意味着限制开发建设，当对未来利润预期较低时私人部门可能缺少参与的意愿，而财政全额拨款可能

使国有林场也缺少招商引资的积极性。

小西山案例表明，山地植被景观管理应在生态保护和经济发展之间取得平衡，虽然生态保护应该成为重中之重，但不可过分强调以至于压制了经济发展，民间力量的参与治理对于山地可持续发展至关重要。对于已经国有化的山林，最好采取渐进的方式向多中心治理过渡，以便新的参与者能够做好准备。在印度尼西亚、俄罗斯和东欧等国家和地区，因为缺少对私人部门的指导，合作治理曾一度导致森林退化 [24]。特别是在发展中国家，人民生活条件仍有待改善，社区组织还不够强大，政府仍需发挥主导作用。当然，并不存在放之四海而皆准的最佳治理模式，各地必须根据不断变化的区域、国家和全球状况制定政策。

李正
2019 年 8 月 25 日

（本文系根据作者在《Landscape Research》2019 年第 44 卷第 2 期发表的 "Managing hillside landscapes as national Forests: Lessons learned from the Beijing Western Hills" 一文删改补充而成）

本章参考文献
[1] 北京市地方志编纂委员会 . 北京志·农业卷·林业志 [M]. 北京：北京出版社 . 2003.
[2] BOERSCHMANN E. Picturesque China: Architecture and Landscape: A Journey through Twelve Provinces [M]. New York: Brentano's, 1923.
[3] SIR é N O. The Imperial Palaces of Peking (3 Volumes) [M]. Paris: G. Van Oest, 1926.
[4] MORRISON H. A Photographer in Old Peking [M]. Hongkong: Oxford University Press, 1985.
[5] 尹均科，吴文涛 . 历史上的永定河与北京城 [M]. 北京：北京燕山出版社，2005.
[6] SHERFESEE W F. The Reforestation Movement in China [J]. American Forestry, 1915, XXI(263): 1033-40.
[7] 孙中山 . 建国方略 [M]. 沈阳：辽宁人民出版社，1994.
[8] 陈嵘 . 中国森林史料 [M]. 北京：中国林业出版社，1983.
[9] 吴廷燮 . 北京市志稿 [M]. 北京：北京燕山出版社，1997.
[10] 北京市档案馆 . 颐和园、玉泉山植树计划 [Z]. 档号：J21-1-1995.
[11] 常华 . 李石曾在海淀 [M]// 北京市政协文史资料委员会 . 北京文史资料精选海淀卷 . 北京：北京出版社 . 2006: 94-7.
[12] 候嘉星 . 1930 年代国民政府的造林事业：以华北平原为个案研究 [D]. 台北：国立政治大学，2010.
[13] 北京市档案馆 . 华北造林会 1944 年事业计划 [Z]. 档号：J25-1-114.
[14] 北京市档案馆 . 1947 年西山玉泉山示范造林计划 [Z]. 档号：J1-2-442.
[15] 北京市林业勘测队 . 北京西山绿化造林调查设计说明书 [R]. 林业部调查设计局资料汇编，1956.
[16] 西山试验林场 . 北京市小西山林业建设史 [M]. 内部资料，1985.
[17] 北京林业志编委会 . 北京林业志 [M]. 北京：中国林业出版社 . 1993: 37.
[18] 方立霈选编 . 二十世纪五十年代北京绿化造林史料（上）[J]. 北京档案史料，2008, 4: 147-195.
[19] 方立霈选编 . 二十世纪五十年代北京绿化造林史料（下）[J]. 北京档案史料，2009, 1: 47-98.
[20] 吴长波，许云飞，许丽 . 锦绣西山 风景独好北——北京市西山试验林场发展纪实 [J]. 国土绿化，2015, 5): 12-15.
[21] 刘海东 . 百望山森林公园园林绿化再认识 [J]. 林业科技管理，2002, 52, 4.
[22] 董向忠，周荣伍，赵东波 . 北京西山国家森林公园建设若干问题的探讨 [J]. 农业科技与信息（现代园林），2010, 5: 102-104.
[23] 何宝华 . 西山，那抹绿色你可曾记得——西山国家森林公园景观特色 [M]// 香山街道办事处 . 香山山水园林与建筑 . 北京：北京出版社 . 2012: 225-232.
[24] WHITE A, MARTIN A. Who Owns the World's Forests? Forest Tenure and Public Forests in Transition [M]. Washington, DC: Forest Trends, 2002.

02 专题研究
SPECIALIZED STUDIES

北京市浅山区是山区与平原的过渡地带，是城市、乡村、自然生境与人类活动的混合地带，环境优美、资源丰富、古迹众多，承载着接受平原发展辐射和带动山区城镇化的双重职能。过去，中国的城市浅山区往往被忽视，在快速城市扩展阶段出现了失控的局面，产生了一系列问题。

在时代背景和要求下，本次课程将研究区域选在由小西山东西向主山脊和京密引水渠围合形成的"W形"碗状区域，与三山五园地区隔山相背。研究范围为小西山北麓浅山地区东、西及南侧以组成小西山北部的城子山、蘑菇帚、三柱香、双石岭、三昭山与百望山一线主山脊为界，北侧以京密引水渠为界。场地东西长约10km，南北2.5~4.6km不等，平均3km，总面积约为30km²。

在研究阶段，核心任务为通过内外业结合的调研，从历史演变和综合现状来发现研究区域内的问题，并构建解决和改善的思路。专题研究围绕浅山区自然生态系统、水利与交通基础设施、城镇乡村用地与历史演变和旅游产业三大主题展开，侧重区域的生态保护、设施更新和产业振兴方向。重点探索如何在现有自然山体和城镇建设基础上，进行浅山区生态保护和景观营建，保护关键生态用地，重建自然生态体系，保护区域文化资源与绿地资源，探讨如何通过建立绿色空间网络发挥更大的综合效益。该阶段历时3周，12个小组按3大专题分配。每个专题下分配4个小组，其中以两小组结为合作小组，就同专题内容的调研进行交流合作。研究成果以不少于2张A0图版提交。

The shallow mountainous area of Beijing is a transition zone between mountainous and plains. It is a mixed zone of cities, villages, natural habitats, and human activities. It has a beautiful environment, rich resources, and numerous historic sites. In the past, the shallow mountainous areas of China's cities were often overlooked. During the rapid urban expansion stage, there was a runaway situation that caused a series of problems.

Under the background and requirements of the times, this course selects the research area as a W-shaped bowl area enclosed by the main west-west ridge of Xiaoxi Mountain and the Jingmi diversion canal, which is opposite to the mountains of Sanshan and Wuyuan. The scope of the study is the east, west and south sides of the shallow mountain area at the northern foot of Xiaoxi Mountain. The diversion channel is bounded. The site is about 10km long from east to west, 2.5-4.6km from north to south, an average of 3km, and a total area of about 30km².

In the research stage, the core task is to find out the problems in the research area from the historical evolution and the comprehensive status quo through the investigation of the combination of internal and external industries, and construct ideas for solving and improving. The special research focuses on the three major themes of natural ecosystems in shallow mountainous areas, water conservancy and transportation infrastructure, urban and rural land use and historical evolution, and tourism industry, focusing on regional ecological protection, facility renewal, and industrial revitalization. Focus on exploring how to carry out ecological protection and landscape construction in shallow mountainous areas on the basis of existing natural mountains and town construction, protect key ecological land, rebuild natural ecosystems, protect regional cultural resources and green space resources, and explore how to develop more through the establishment of green space networks Great comprehensive benefits. This phase lasted 3 weeks and 12 groups were allocated according to 3 major topics. There are 4 groups assigned to each topic, of which two groups form a cooperation group to exchange and cooperate on the research of the same topic content. The research results should be submitted with not less than 2 A0 plates.

历史演变专题研究
Specialized Studies on Historical Evolution

历史演变总结
Conclusions on Historical Evolution
（图片来源：岳升阳. 侯仁之与北京地图 [M]. 北京科学技术出版社，2011.）

本专题从区域自然系统演变、区域聚落演变、区域人文要素演变三个方面进行关于北京海淀小西山北麓浅山地区历史演变和旅游专题研究。

1. 区域自然系统历史演变

金元时期的西山泛指京西山区，其核心区为近郊的香山、玉泉山一带。明清时期，对"西山"的概念大致有两种理解，分别称为"小西山"和"大西山"。"小西山"的范围大致是今六环内城西北的部分山地，"西山"是专名。而"大西山"则是通称，泛指京城以西顺天府境内的所有山区。

民国时期，人们对西山地理范围有大小两个概念。此时西方地理科学逐渐传入，人们开始区分"地理"上的西山与"文化"上的西山。其中地理上的西山即"大西山"是对京西山地的泛指，难以界定具体的范围；而文化上的西山则是"小西山"，即今六环内风景名胜集中的西郊近山一带，人们将万寿山、玉泉山、香山、八大处等视为西山景观的核心，即"小西山"。

金元时期
Jin and Yuan Dynasties

明清时期
Ming and Qing Dynasties

民国及以后时期
After the period of Republic of China

区域自然系统历史演变
Historical Evolution of Regional Natural Systems

2. 区域聚落演变

　　自汉代以来，小西山地区逐渐形成村庄聚落。至辽金元时期，村落从战乱中复苏并发展，主要沿两河分布。至明朝时期，村落分布已较广泛，依靠寺庙的大量建设，村落体量与数量均得到空前发展。至清朝时期，大规模的"圈地"风潮致使小西山地区村落得到较广泛开发。

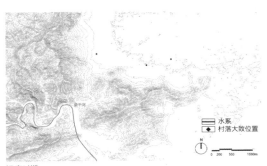

汉唐时期
Han and Tang Dynasties

明代时期
Ming Dynasty

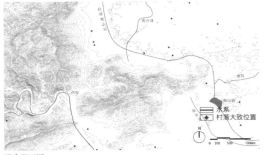

辽金元时期
Liao,Jin and Yuan Dynasties

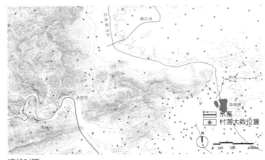

清代时期
Qing Dynasty

聚落现状
Picture of Village

聚落现状
Picture of Village

区域聚落演变
Historical Evolution of Regional Settlements

3. 区域人文要素演变

京西地区自古以来就是陆路交通要道，是煤炭产地、军事防御重地。尤其京西古村落，曾是民俗和非物质文化极为丰富的区域。这里有密集的古村落，一般被称为京西古村落。场地中的温泉镇是京西古村落体系的一处，在历史上属于京西古道。明清时期此处开始出现寺庙，直至民国时期有几座寺庙消失，目前场地内已基本无寺庙遗存。此处古道属于京西古道部分，也是妙峰山祭祀香道的外沿部分。

西山的中法文化遗存是两国文化交融的结晶，也是两国人民友好的见证。以贝熙业、圣琼·佩斯等核心人物为线索，挖掘并分析其在北京工作、生活期间相关的历史人物、中法文化交流活动以及其他历史事件，梳理与汇总相关历史遗迹，形成中法文化交流史迹群。

现状历史人文要素
Current Historical Cultural Elements

现状游憩人文要素
Current Leisure Culture Elements

现状教育人文要素
Current Science and Education Culture Elements

历史上此处的私家园林今均已毁。明清时期开始出现寺庙，至民国时期有几座寺庙消失，多数寺庙原位保留，如今现状场地内已基本无寺庙遗存。

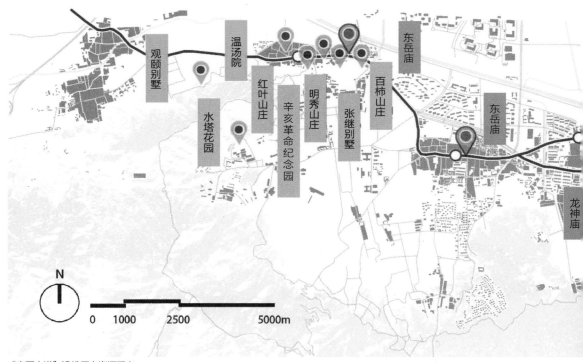

"京西古道"沿线历史资源研究
Historical Resources along the Jingxi Ancient Road

（1）金代章宗时在温泉村修建的温汤院曾经是北京西山八大水院之一。

（2）辛亥革命纪念园是北京市海淀区一处"中华民国"早期纪念墓遗址，属于近现代重要史迹及代表性建筑。

（3）白家疃村南曾有一座"百柿山庄"，是清末民初著名社会活动家、教育家、故宫博物院创建人、被称为国民党四大元老之一的李石曾建的别墅。

（4）关帝庙修建于清嘉庆年间，
清代、民国初年也曾兴盛过，后来的
战乱，社会的动荡导致其逐渐残破、
倒塌。改革开放后，随着大批外来
人员的涌入，又成了进城务工人员居
住所。

（5）福泉寺位于北京市海淀区温
泉镇冷泉村内，建于清代，原为四合
院结构，寺内佛像在中华人民共和国
成立后拆除。

（6）张继别墅为"中华民国"
时期著名政治家张继的别墅所在
地，因环境清幽而深得张继喜爱。

沿线分布的用地类型种类繁多，绿地与广场用地使用率低；商业服务业设施用地多为批发市场等零售业，大部分餐饮多为低端业态，分布量少；

途经的居住用地多为三类居住用地，缺乏娱乐休闲设施。

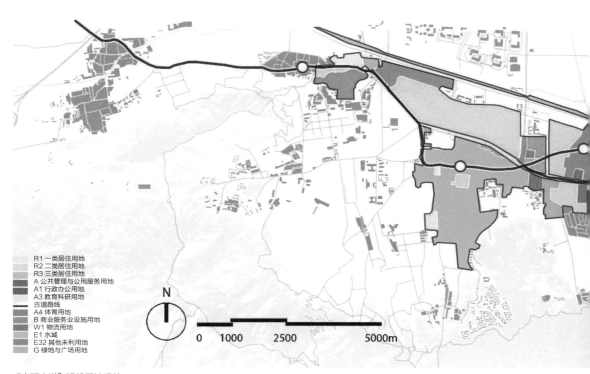

R1 一类居住用地
R2 二类居住用地
R3 三类居住用地
A 公共管理与公用服务用地
A1 行政办公用地
A3 教育科研用地
古道路线
A4 体育用地
B 商业服务业设施用地
W1 物流用地
E1 水域
E32 其他未利用地
G 绿地与广场用地

N

0   1000   2500   5000m

"京西古道"沿线用地现状
Current Status of Land Use along the Jingxi Ancient Road

（1）古道途经的绿地与广场用地占比最小，除西侧的纪念园和东侧的百望山公园外，其他此类用地利用率不高。

（2）西侧途经两个未利用地块，支路多为断头路，人迹罕至。

（3）途经的居住用地中三类居住用地占比最大，主要是白家疃村和冷泉村，路面狭窄。

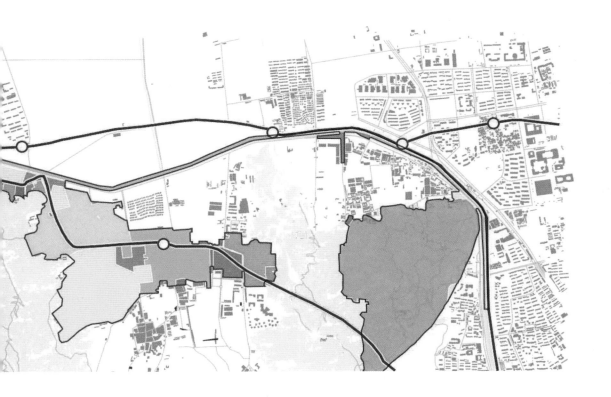

（4）途经的一类居住用地绿化环境较好，路面宽阔，附近有科研教育用地分布。

（5）途经的交通用地为龙泉驾校极其附属大型停车场，附近设有公交站点，车流量、人流量大，交通可达性强。

（6）途经的物流仓储用地集中在古道东部，与工厂紧邻，大部分物流仓储用地房屋破败。

截取两个典型断面进行研究，包括城市干道断面、村镇支路断面、居住区道路段面以及京密引水渠旁支路断面。由两个典型道路截面可以看出，古道道路现状人行道缺少，行人、机动车与非机动车混行；因停车场缺少而占用路边绿化带作为停车点；村镇内道路被杂物侵占，缺少种植带，环境恶劣，且断头路较多，可达性差。

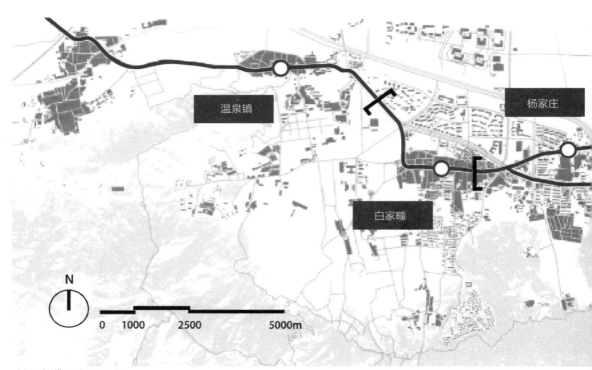

"京西古道"沿线断面研究
Study on the Section along the "Jingxi Ancient Road"

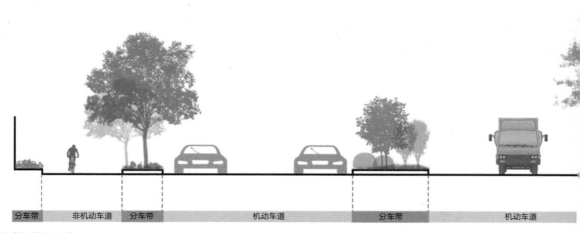

机动车道断面形式
The Section Form of Motor Vehicle Lanes

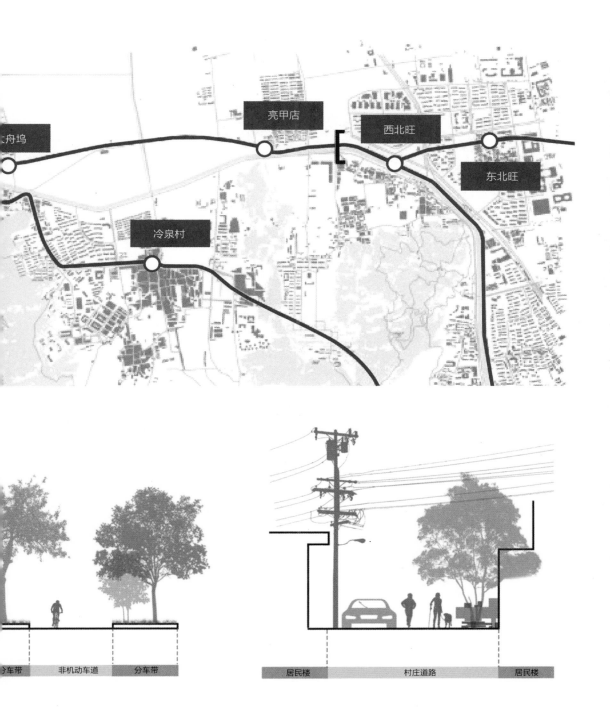

4. POI 研究

（1）公园沿主路分布，缺少居住区公园。
（2）住宿酒店沿主路分布，靠近旅游景点。

（3）商业购物沿主路分布，靠近旅游景点，居住区缺少商业设施。

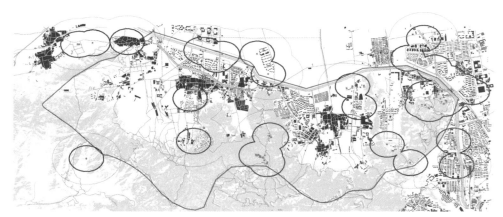

旅游景点服务半径覆盖区域图
Service Radius Coverage Area Map of Tourist Attractions

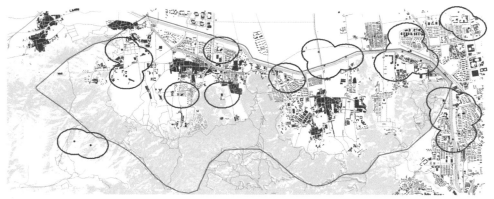

住宿酒店服务半径覆盖区域图
Service Radius Coverage Area Map of Accommodation and Hotel Services

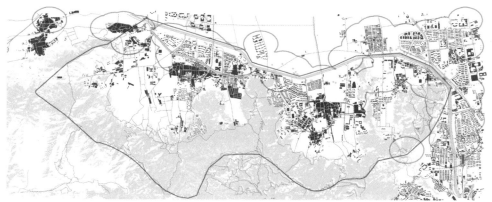

商业购物服务半径覆盖区域图
Service Radius Coverage Area Map of Business and Shopping Services

（4）餐饮沿主路分布，靠近旅游景点，居住区缺少餐饮设施。

（5）停车场覆盖区域较广，但现状停车场状况不佳，秩序混乱。

（6）生活服务设施沿主路分布，靠近旅游景点，现状公厕分布少，卫生环境差。

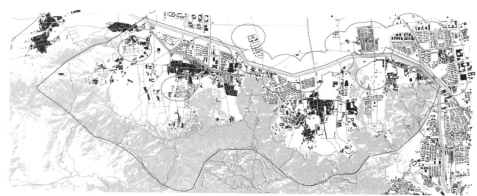

餐饮服务半径覆盖区域图
Service Radius Coverage Area Map of Catering Services

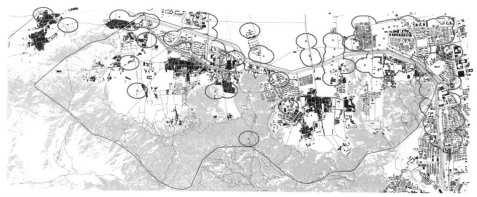

机动车停车场服务半径覆盖区域图
Service Radius Coverage Area Map of Vehicle Parking Facilities

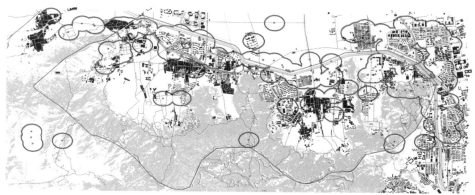

生活服务设施服务半径覆盖区域图
Service Radius Coverage Area Map of Living Service Facilities

水利与交通基础设施专题研究
Specialized Studies on Water Conservancy and Transportation Infrastructure

小西山浅山地区位于北五环与西六环之间，区域内无快速交通，主要依靠黑龙潭路和温北路与其他地区连接，地铁 16 号线正在建设中。

场地内机动车道路级别较低，没有明显的道路体系，主要分布在北部平原区，东西向沟通不紧密。

场地内机动车道路级别较低，没有明显的道路体系，主要分布在北部平原区，且东西向沟通不紧密。

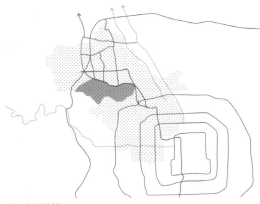

外围交通分析
Peripheral Traffic Analysis

内部机动车道路
Internal Motorway

等级	名称	等级	名称	等级	名称	等级	名称
主干道	温北路	次干道	冷泉路 A 段	支路	冷泉东路	支路	白家疃东路
	黑龙潭路		航材大道		冷泉路 B 段		杨家庄路
	温泉路		白家疃 B 段		冷泉西街路		叠风路
	温阳路		双坡路		冷泉南街		白家疃 C 段
	白家疃 A 段				山口路		显龙山路
					韩川路		御风路
					簸箕水路		白家疃西路

内部交通分级
Internal Traffic Classification

图例
主干路
次干路
支路
山路

妙峰山香道：妙峰山上的娘娘庙明清及民国时期庙会最盛。场地西侧有多条古香道。

三山五园绿道：东起清华大学，至玉泉山向南沿香山路至闵庄路，全长 36.09km，是北京市现已建成的绿道。

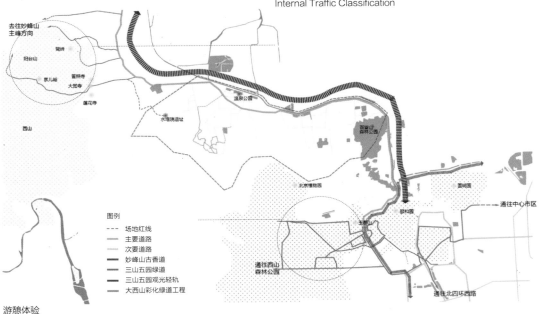

图例
- - - 场地红线
—— 主要道路
—— 次要道路
—— 妙峰山古香道
—— 三山五园绿道
—— 三山五园观光轻轨
—— 大西山彩化绿道工程

游憩体验
Accessibility–Commuter

公交站点分布
Traffic Station

道路使用频率
Road Frequency

停车场分布
Parking Lot Distribution

道路拥堵程度
Degree of Road Congestion

对场地内的居住区、典型办公区、景点进行分析，通过利用高德 API 路径规划生成 10min 和 20min 等时圈的吸引力范围。分别得到居民点、通勤点及游客点的可达性情况。

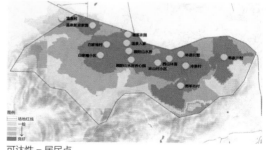

可达性 – 居民点
Accessibility-Resident

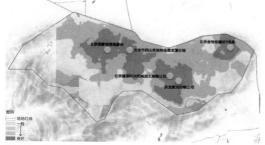

可达性 – 通勤点
Accessibility-Commuter

可达性 – 游客点
Accessibility-Tourists

1. 道路系统评价

　　运用 AHP 分析法对场地内主要道路从吸引力、安全性、舒适性三方面叠加分析得出可利用与需要整改的道路。

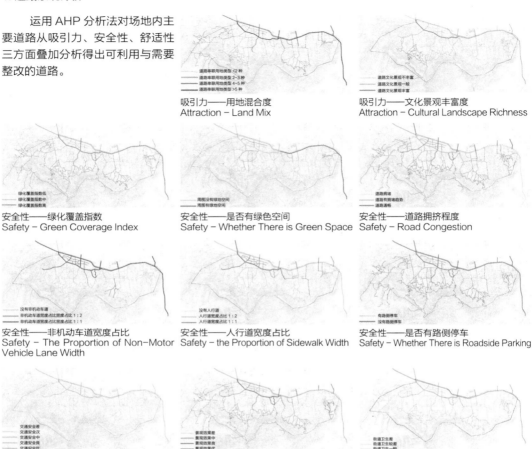

吸引力——用地混合度
Attraction – Land Mix

吸引力——文化景观丰富度
Attraction – Cultural Landscape Richness

安全性——绿化覆盖指数
Safety – Green Coverage Index

安全性——是否有绿色空间
Safety – Whether There is Green Space

安全性——道路拥挤程度
Safety – Road Congestion

安全性——非机动车道宽度占比
Safety – The Proportion of Non–Motor Vehicle Lane Width

安全性——人行道宽度占比
Safety – the Proportion of Sidewalk Width

安全性——是否有路侧停车
Safety – Whether There is Roadside Parking

安全性——交通安全
Safety – Traffic Safety

舒适性——景观效果
Comfort – Landscape Effect

舒适性——街道卫生
Comfort – Street Hygiener

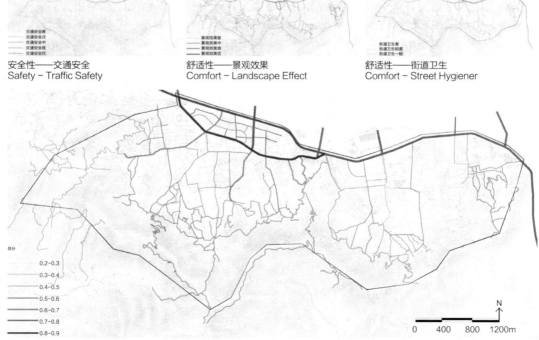

道路评价结果
Road Evaluation Results

2. 区域地形与水系分析

对场地内的高程信息进行分析，梳理水系的形态、小流域污染情况、汇水区域与流量、水利设施以及驳岸形态等。

场地主要为 100~300m 的浅山区；城区坡度基本处于 5% 以下，较为平坦，山区坡度主要在 17%~30%；山区坡向以西、西北方向为主。

高程
Elevation

0　875　1750　3500m

坡度
Slope

0　875　1750　3500m

坡向
Slope Aspect

0　875　1750　3500m

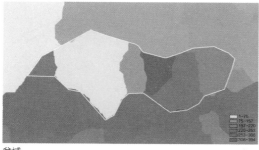

盆域
Basin

0　400　800　1600m

1号区域	2号区域	3号区域	4号区域	5号区域	6号区域
城子山西南与蘑菇帝山相接的缓坡，坡向西南，水流不经过红线内城镇。	城子山、蘑菇帝山、三柱香山、横山，四山围合的一个盆地区域，涵盖了白家疃村农田、建筑等广阔的区域。	三柱香山东脉同横山围合的狭窄区域，包含了多家新建的住宅小区和单位。	三柱香山东脉缓坡区域，包含了环山村小区、冷泉村部分区域。	三韶山西南、双石岭以北缓坡区域，包含了冷泉村大部。	三韶山余脉同百望山围合的狭长区域，包含了韩家村及新建的住宅单位。

场地汇水分区
Catchment Area

0　400　800　1600m

流量
Flow

0　400　800　1600m

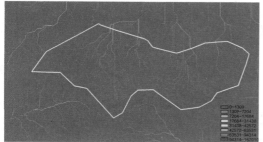

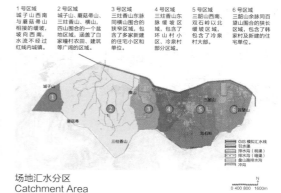

流量与等高线关系
Relationship between Flow and Contour

0　400　800　1600m

3. 区域汇水量分析

　　根据前面进行的场地内盆域分析，将场地分为6个汇水区，并对每个分区的汇水量进行计算。

水文分析
Hydrological Analysis

年份	全市降雨量 (mm)
2007	499
2008	638
2009	448
2010	524
2011	552
2012	708
2013	501
2014	429
2015	583
2016	660
2017	592
平均值	557.64

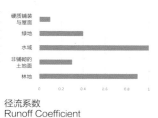

径流系数
Runoff Coefficient

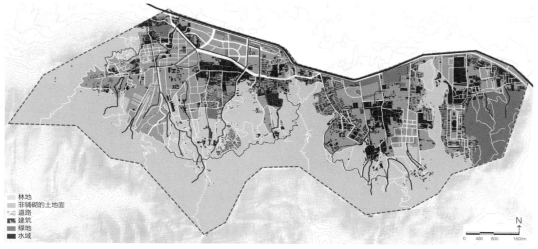

汇水区 1
汇水区 2
汇水区 3
汇水区 4
汇水区 5
汇水区 6

场地汇水分区
Catchment Area

林地
非铺砌的土地面
道路
建筑
绿地
水域

全部汇水区
All Catchment Areas

汇水分析
Catchment Analysis

下垫面类型	面积（hm²）	径流系数均值	流量（m³）
硬质铺装与屋面面积	1059.97		
绿地面积	191.30		
水域面积	185.60	0.47	9359177.94
非铺砌的土地面面积	890.95		
林地面积	1250.11		
合计	3577.93		

汇水区 1
Catchment Area 1

汇水区 1 分析
Analysis of Catchment Area 1

下垫面类型	面积（hm²）	径流系数均值	流量（m³）
硬质铺装与屋面面积	12.87		
绿地面积	0.00		
水域面积	2.19	0.20	133790.34
非铺砌的土地面面积	0.00		
林地面积	102.23		
合计	117.28		

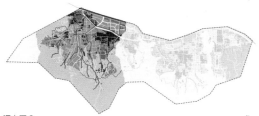

汇水区 2
Catchment Area 2

汇水区 2 分析
Analysis of Catchment Area 2

下垫面类型	面积（hm²）	径流系数均值	流量（m³）
硬质铺装与屋面面积	107.69		
绿地面积	4.83		
水域面积	21.67	0.46	909742.00
非铺砌的土地面面积	70.69		
林地面积	148.24		
合计	353.12		

汇水区 3
Catchment Area 3

汇水区 3 分析
Analysis of Catchment Area 3

下垫面类型	面积（hm²）	径流系数均值	流量（m³）
硬质铺装与屋面面积	436.81		
绿地面积	27.71		
水域面积	86.04	0.46	3924502.08
非铺砌的土地面面积	398.16		
林地面积	570.23		
合计	1518.96		

汇水区 4
Catchment Area 4

汇水区 4 分析
Analysis of Catchment Area 4

下垫面类型	面积（hm²）	径流系数均值	流量（m³）
硬质铺装与屋面面积	124.22		
绿地面积	14.77		
水域面积	23.52	0.52	1130387.99
非铺砌的土地面面积	134.82		
林地面积	90.34		
合计	387.66		

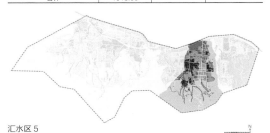

汇水区 5
Catchment Area 5

汇水区 5 分析
Analysis of Catchment Area 5

下垫面类型	面积（hm²）	径流系数均值	流量（m³）
硬质铺装与屋面面积	200.40		
绿地面积	119.50		
水域面积	22.04	0.55	1688737.35
非铺砌的土地面面积	144.92		
林地面积	66.18		
合计	553.04		

汇水区 6
Catchment Area 6

汇水区 6 分析
Analysis of Catchment Area 6

下垫面类型	面积（hm²）	径流系数均值	流量（m³）
硬质铺装与屋面面积	177.98		
绿地面积	24.50		
水域面积	30.14	0.44	1572018.17
非铺砌的土地面面积	142.36		
林地面积	272.88		
合计	647.86		

分析总结：

（1）由上述数据对比可知汇水区 3 的汇水总量最多，即黑石头沟所承担的泄洪任务较大，配合南马场水库对水流量的控制可能有机会形成长期土壤含水量较高的重要生态廊道。

（2）场地内有大量非铺砌的地面，为地表径流的控制、生态景观空间的营造提供大量可以改造设计的空间。林地区域植物群落的构成对其存水、保水具有重要意义，水域与绿地兼具生态和景观作用。

4. 现有水利设施

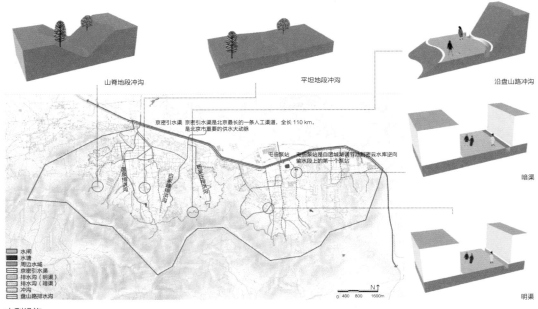

水利设施
Water Conservancy Facilities

主要排水设施及流向
Main drainage facilities and flow direction

工程做法
Engineering Practice

利用 GIS 导出级别详细的坡度分析图，并将现状场地中冲沟、排水沟位置与其叠加得到各沟渠底部坡度，分析得到潜力蓄水点。

根据 GIS 模拟分析极端降雨情况下研究区的雨洪淹没范围，从中可知主要的淹没区分布在区域北部，靠近京密引水渠。

冲沟、排水沟坡度
Gully Drainage Slope

雨洪淹没
Flood inundation

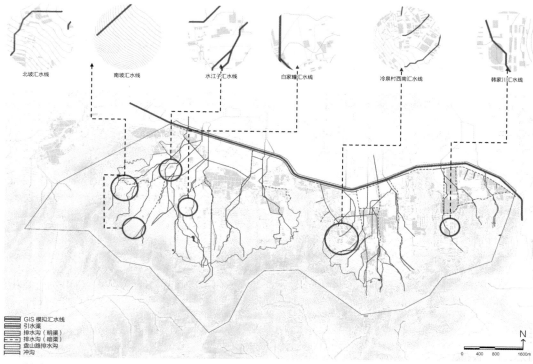

北坡汇水线　　南坡汇水线　　水江子汇水线　　白家瞳汇水线　　冷泉村西南汇水线　　韩家川汇水线

GIS 模拟汇水线
引水渠
排水沟（明渠）
排水沟（暗渠）
盘山路排水沟
冲沟

GIS 分析与现状调研水系对比
Comparison between GIS Analysis and Water System in Research

分析：
（1）北坡、南坡位置差异
GIS 分析所得出的自然状态北坡、南坡汇水线与实际情况相差较大，推测出现差异的原因为根据环山路排水沟的修筑截留了原有自然的汇水线路，使得着两路水的方向改变。
（2）水江子、白家瞳段位置差异
GIS 分析所得出的自然状态下水江子、白家瞳村水流方向向北，最终合并于京密引水渠南侧，而实际状态下由于白家瞳村农田、建筑的修筑，使两段的自然汇水线合并在白家瞳村外的排洪沟中，体现出人为建设对于自然雨洪设施的影响。

（3）冷泉村西南、韩家川村位置差异
GIS 分析所得出的自然状态冷泉村西南、韩家川村水自然向北流，而实际状态下由于两地的建成度较高，雨水均通过完善的雨水管网排走，故自然的排水沟渠消失。
（4）其他位置
在其他位置中 GIS 分析所得出的自然状态与实际部分保留原始状态，部分使用人工排洪沟和管道、道路结合的方式完成原有的自然排水过程。

5. 场地污染情分析

场地属于太舟坞小流域，小流域内无出水量，有少量 I、III 级主沟道。

区内主要污水处理站是北京市海淀区温泉镇水务管理站（太舟坞污水处理厂），厂区具体位于温泉镇中心部，自 2006 年 11 月正式投入运行以来，污水处理设备运转良好，日平均处理污水量为 0.32 万 m³。

2014 上半年处理污水 65 万 t、污泥 168t，中水的理化指标进一步改善。少部分中水用于灌溉，其余 57 万 m³ 补入团结渠，有效改善了河道生态环境。

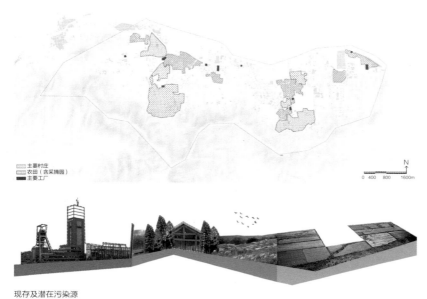

（1）点源污染——工厂与物流仓储用地，工业废水污染；

（2）面源污染——农村生活污染源，管网系统不明确，雨污不分流；

（3）面源污染——农田与采摘园径流污染，缺少给水排水渠引导；化肥农药降低水质。

主要村庄
农田（含采摘园）
主要工厂

N
0 400 800 1600m

现存及潜在污染源
Existing and Potential Sources of Pollution

场地中西侧存在较多的垃圾堆放点；现存自然村落的污水处理系统有待完善；现有工厂中塑料制品厂、富丽制衣厂、方圆金属加工厂以及北京金基源混凝土制品厂属于潜在污染源。

场地西侧区域土地利用率不高，垃圾随意堆放。

场地现存的自然村落存在污水处理系统不完善的现象。

场地中部分工厂群存在着污染地下水源的可能性。

工厂
自然村落
垃圾堆放点
潜在污染源位置

N
0 400 800 1600m

现存及潜在污染源
Existing and Potential Sources of Pollution

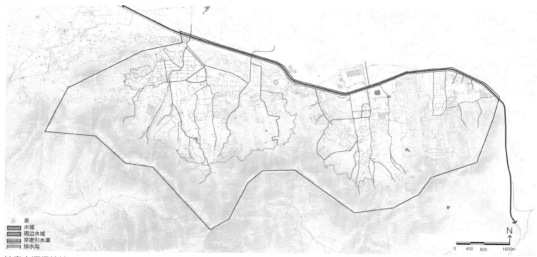

泉
水域
周边水域
京密引水渠
排水沟

地表水源保护地
Surface Water Source Protection

　　场地区域范围内主要水源为京密引水渠；此外，除排水沟外，研究区域内水域数量不多，面积较小，多为人工开挖水面、池塘。水域分布多为点状，相互缺少联系。

水利设施评价体系构建
Construction of Evaluation System for Water Conservancy Facilities

	标准层	次级标准层	方案层
城市绿色基础设施雨洪管理效能	技术功能 (0.503)	径流控制 (0.503)	坡度 (0.013)
			坡向 (0.045)
			市政管网缓冲区 (0.254)
			人工排水沟缓冲区 (0.120)
			自然冲沟缓冲区 (0.047)
			道路排水缓冲区 (0.023)
	环境影响 (0.305)	生态影响 (0.203)	污染源缓冲区 (0.152)
			植被覆盖率 (0.051)
		用地影响 (0.102)	下垫面（硬质、草地、森林）(0.102)
	经济成本 (0.059)	生命周期 (0.059)	水利设施使用年限
	社会效益 (0.133)	舒适性 (0.023)	区域公众环境满意度 (0.023)
		可达性 (0.07)	公共交通可达性 (0.07)
		美观性 (0.008)	景观效果 (0.008)
		可持续发展 (0.034)	对城市可持续发展的贡献 (0.034)

自然生态系统专题研究
Specialized Studies on Natural Ecosystem

研究区域自然生态系统现状
The Present Situation of Natural Ecosystem in Research Area

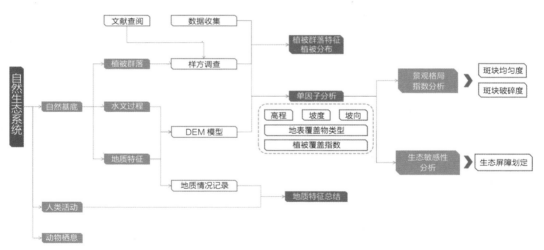

自然生态系统研究路线
The Technical Routes of Study on Natural Ecosystem

研究区域包含了小西山北部大部分区域，地形丰富，高差变化明显，水文条件复杂，并伴随着水土流失风险，区域内自然植被、人工植被混合——现状自然生态系统十分复杂。

通过实地调研、文献查阅以及数据分析的方式，对研究区域内的地形、水文、植被条件进行详尽的分析，并结合 Fragstats 、ArcGIS 等软件对分析得出研究区域内的景观格局指数、生态敏感性，综合分析评价场地自然生态系统。

研究区域内地形复杂，多陡坎、冲沟等极端性地形，并有多处无植被陡坡，发生强降雨时易发生滑坡、泥石流等地质灾害。

根据北京市规划和自然资源委员会公布的数据以及相关研究，北京突发地质灾害多集中在浅山地带。研究区域处于北京市地质灾害中等易发区域。

陡坡类型 1
Steep Slope Type 1

陡坡类型 2
Steep Slope Type 2

陡坡类型 3
Steep Slope Type 3

陡坎
Scarp

冲沟类型 1
Gully Type 1

冲沟类型 2
Gully Type 2

现状植物资源分布图
The Map of Distribution of Phytocoenosium

常绿针叶林
落叶阔叶林
灌木林地
未成林造林地
苗圃地
宜林地
果园
耕地
城市绿地
沟塘水渠

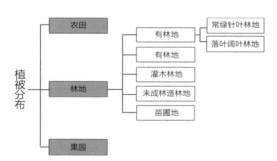

现状植物资源分布
The Distribution of Phytocoenosium

现状次生林
The Current Secondary forest

现状农田
The Current Farm

现状果园
The Current Orchard

　　调查发现，北京小西山地区植被多为20世纪50~60年代营造的人工林，经过演化形成上层以人工林为优势、底层以灌木及草本为主的半自然林，主要有油松林、侧柏林、栓皮栎林、刺槐林、黄栌林等。

　　山区植物资源丰富，其他组成森林的优势树种包括辽东栎、蒙古栎、元宝枫、栾树、臭椿、桑树、构树、山杏。林下灌木主要种类有荆条、酸枣、小叶鼠李、蚂蚱腿子、锦鸡儿、孩儿拳头等。常见草本有求米草、苔草、白莲蒿、夏至草、野菊、隐子草等。平原区村镇保留有以杨树、侧柏为主的防护林，植被资源与北京市园林植物资源趋同。

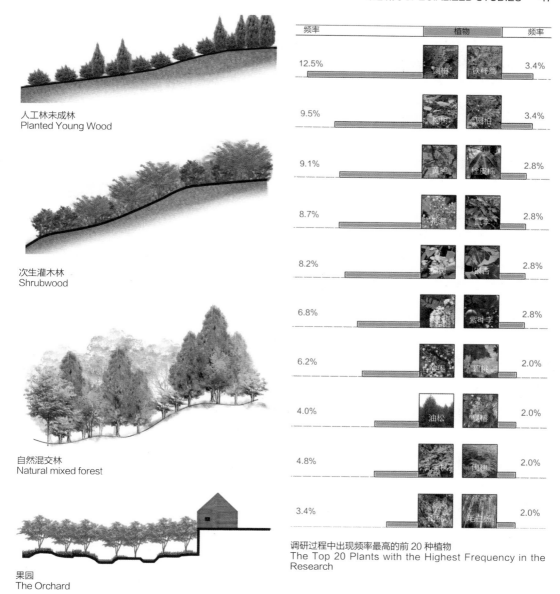

人工林未成林
Planted Young Wood

次生灌木林
Shrubwood

自然混交林
Natural mixed forest

果园
The Orchard

调研过程中出现频率最高的前 20 种植物
The Top 20 Plants with the Highest Frequency in the Research

在浅山区植被垂直分布不明显,植被分布受坡度与坡向影响明显,阳坡主要为白皮松林;阳坡 – 半阳坡,以刺槐林、元宝枫林为主;阴坡 – 半阳坡多为油松林、栓皮栎林、黄栌林;阴坡 – 半阴坡多为侧柏林。由于研究区域位于小西山北侧,因此调研过程中阴坡植物出现频率较高。

研究区域内林地条件复杂,既有长势良好的大面积自然混交林,又有人工形成的大面积纯林。在城镇与山区交界处,多未成林的人工灌木林、果园等。

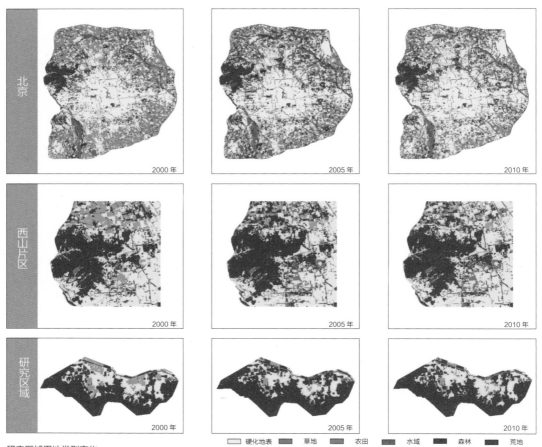

研究区域用地类型变化
Change of Land Use Types of Research Area

研究区域用地面积变化（单位：hm²）
Change of Area of Different Land Use Types of Research Area

用地类型	2000 年	2005 年	2010 年
建设用地	1019.43	950.22	1126.26
农田	380.79	140.58	112.41
林地	2333.34	2635.47	2454.12
草地	50.31	55.71	83.88
水	35.73	36.63	35.82
荒地	1.89	2.88	9.00

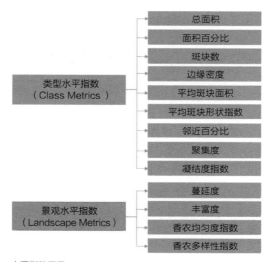

水平指数因子
Metrics Factors

采用 Fragstats 3.3 景观格局分析软件，在斑块水平、类型水平和景观水平上计算景观格局指数，从而定量分析研究区域在 2000—2010 年城市化过程中景观格局变化。

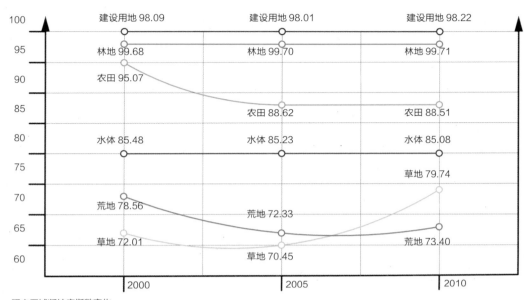

研究区域凝结度指数变化
Change of Cohesion of Research Area

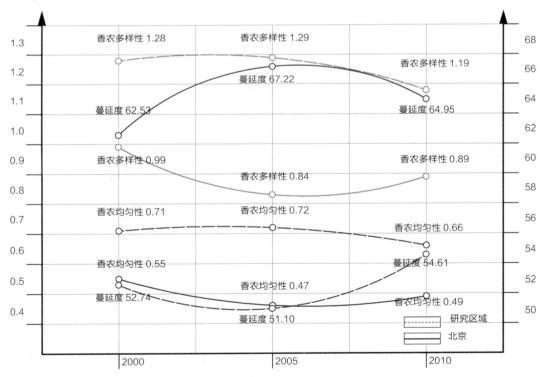

研究区域生态学类型水平指数变化
Change of Landscape Ecology Type Level Index of Research Area

通过景观生态学类型水平指数（蔓延度指标、香农多样性指数、香农均匀度指数）的分析，近年来场地景观破碎程度越来越高，景观类型分布也越来越不均匀，部分变化程度大于北京市总体平均水平。

基于探讨研究范围内生态敏感性的目的和尽量避免受到定性评价的主观性影响，利用 ArcGIS 叠加单因子评价结果，将研究范围的生态敏感性分为五级：由五级到一级生态敏感性由高至低，依据五级生态敏感性划定生态绿色屏障。

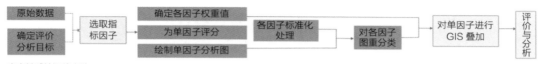

生态敏感性评价方法
The Technical Routes of Ecological Sensitivity

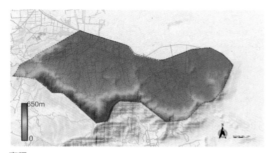

高程
Altitude

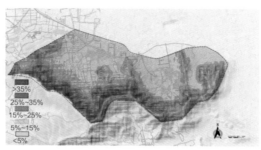

坡度
Slope

坡向
Slope Aspect

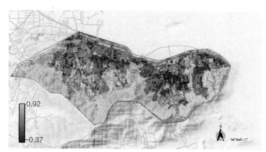

植被覆盖指数
NDVI

地表覆盖类型
Types of Surface Coverage

水体缓冲区
Water Buffer Zone

生态敏感性划定
Division of Ecological Senstivity

因子类型及权重
Factor Type and Weight

因子名称	分级标准	评分	权重	因子名称	分级标准	评分	权重
高程	0~100m	1	0.0561	坡度	<5%	1	0.0561
	100~250m	2			5%~15%	2	
	250~400m	3			15%~25%	3	
	400~550m	4			25%~35%	4	
	550~650m	5			>35%	5	
因子名称	分级标准	评分	权重	因子名称	分级标准	评分	权重
坡向	正北	1	0.1277	植被覆盖度	−1~0	1	0.4328
	东北、西北	2			0~0.25	2	
	正西、正东	3			0.25~0.5	3	
	东南、西南	4			0.5~0.75	4	
	正南	5			0.75~1.0	5	
因子名称	分级标准	评分	权重	因子名称	分级标准	评分	权重
地表覆盖类型	建成区	1	0.2455	水体缓冲区	>100m	1	0.0261
	无植被覆盖区	2			50~100m	2	
	作物耕地	3			25~50m	3	
	灌丛草地	4			0~25m	4	
	水域林地	5			水体	5	

成对权重比较矩阵
Paired Weight Comparison Matrix

CR=0.056<0.1

指标	高程	坡度	坡向	植被覆盖度	地表覆盖类型	水体缓冲区	土壤类型	乘积	开方	权重
高程	1	1	1/3	1/7	1/5	3	1	0.0285	0.6018	0.0561
坡度	1	1	1/3	1/7	1/5	3	1	0.0285	0.6018	0.0561
坡向	3	3	1	1/5	1/3	5	3	9	1.3687	0.1277
植被覆盖度	7	7	5	1	3	9	7	46305	4.6400	0.4328
地表覆盖类型	5	5	3	1/3	1	7	5	875	2.6320	0.2455
水体缓冲区	1/3	1/3	1/5	1/9	1/7	1	1/3	0.0001	0.2745	0.0256
土壤类型	1	1	1/3	1/7	1/5	3	1	0.0285	0.6018	0.0561

03 规划设计
PLANNING & DESIGN

研究区域属于浅山区和受浅山区影响的平原地带，除浅山山地外，还包括自然村庄、新建住宅区、文教科研和部分旅游开发用地，有巨大的城市更新发展潜力。

规划设计阶段分为总体规划阶段和重点地段设计阶段。总体规划阶段的核心任务在于结合调研成果，探讨小西山北麓浅山地区绿色空间网络的划定方法，允许对这一地区的绿地、水系要素的空间分布及必要的城市建设安排进行调整，以满足进一步保护生态历史环境、提升景观风貌、完善城市功能、促进乡村振兴、合理促进社会经济发展及改善民生的目的。重点地段设计阶段的核心任务在于在已完成的绿色网络规划研究的基础上，设计出与规划定位、结构、功能相呼应，满足公共休闲、文化、生态等综合功能的绿色开放空间。同时，选取该设计中涉及的技术专题，如浅山生态保育、植物景观营造、雨洪管理或相关生态工程技术等，进行资料的查阅和平面及构造图纸的绘制。

The research area belongs to the shallow mountain area and the plain area affected by the shallow mountain area. In addition to the shallow mountain area, it also includes natural villages, newly built residential areas, cultural and educational research and part of the land for tourism development. It has great potential for urban renewal and development.

The planning and design phase is divided into the overall planning phase and the key phase design phase. The core task of the master planning stage is to explore the method of delineating the green space network in the shallow mountain area of the northern foot of Xiaoxi Mountain in combination with the research results, allowing the spatial distribution of the green space and water system elements in this area and the necessary urban construction arrangements to be adjusted to meet The purpose of further protecting the ecological and historical environment, enhancing the landscape and features, improving urban functions, promoting rural revitalization, rationally promoting social and economic development and improving people's livelihood. The core task in the design stage of key locations is to design green open spaces that meet the comprehensive functions of public leisure, culture, ecology, etc. based on the completed green network planning research. At the same time, select the technical topics involved in the design, such as shallow mountain ecological conservation, plant landscape construction, rain and flood management or related ecological engineering technology, etc., to consult the data and draw the plane and structural drawings.

"山青沐养，麓旭安康"
基于康养导向的小西山北麓浅山区绿色空间格局规划

"Green Mountains, Green Life"
The Landscape Planning in the Hillside Area Based on Healthcare and Rejuvenating

李马金、祖笑艳、舒心怡、张浩鹏、陈慧敏、赵倩、王楚琦、陈姝婕、杨子蕾
Li Majin/Zu Xiaoyan/Shu Xinyi/Zhang Haopeng/Chen Huimin/Zhao Qian/Wang Chuqi/Chen Shujie/Yang Zilei

随着浅山区的生态建设推进和三区联动的发展，场地将以小西山的生态发展为前提，以城镇带动乡村，以平原地带的发展带动小西山的发展。小西山也势必成为平原区发展的生态屏障。随着海淀区中关村科学城的建设和小西山生态环境的提升，场地所在的居住片区必将逐渐由城市边缘地带转变为联系海淀南北的重要拓展节点，未来将成为生态康养宜居小镇。

为了将浅山区特有的资源禀赋和市场资源需求结合起来，将以生态至上、景观融合、产业引领为规划设计理念，进行基于康养导向的小西山北麓浅山区绿色空间格局规划。以生态为本、在修复与提升浅山区自然生态系统的同时，以康养产业为引领，引导浅山区发展特色产业。在此基础上营建适合全龄层、全类别的康养胜地，通过基于产业导向的小西山北麓浅山区绿色空间格局规划，实现浅山区的绿色健康发展。

通过前期调研以及资料的收集，建立场地 GIS 数据库，并进行生态、景观和产业要素三方面的深入分析。首先构建生态敏感性评价体系，通过各项单因子分析叠加得出生态敏感性分析。再通过生态威胁分析和水敏性分析的叠加，建立场地生态格局。

通过现场踏勘和后期资料收集，将现状的景观资源点进行分类，并构建景观视觉敏感性评价体系，（通过成对权重比较矩阵确定与检验不同因子权重）叠加各项因子得出景观视觉敏感性评价。通过点、线、面分析进行场地游憩绿地分析，根据绿地面积大小构建景观游憩绿地体系分析。综上叠加，得出场地景观游憩格局。

基于对场地资源及土地利用产业分类的整合分析，分别建立第一、第二、第三产业适宜性评价指标体系，通过层次分析法计算各评价指标权重，求出评价单元对应的第一、第二、第三产业适宜性评价综合指数，分别得出第一、第二、第三产业的适宜性分区，最后通过空间管控，获取场地产业空间格局。

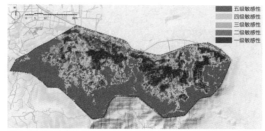

生态敏感性分析
Ecological Sensitivity

生态威胁分析
Ecological Threat

水敏感性分析
Stormwater Senitivity

生态格局
Ecological Pattern

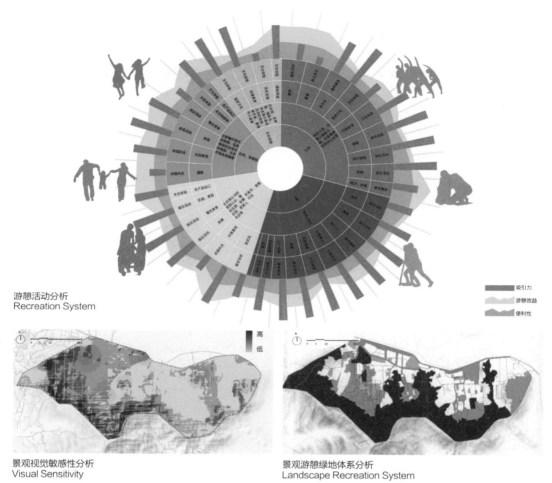

游憩活动分析
Recreation System

吸引力
游憩效益
便利性

景观视觉敏感性分析
Visual Sensitivity

高
低

景观游憩绿地体系分析
Landscape Recreation System

景观游憩格局
Landscape Recreation Pattern

0 5 10 3km

游憩适宜性低
游憩适宜性高

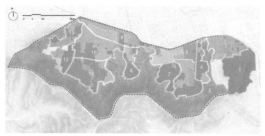

产业适宜性评价单元选择
Selection of Evaluation Unit of Industrial Suitability

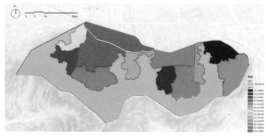

第一产业适宜性评价
Primary Industry Suitability

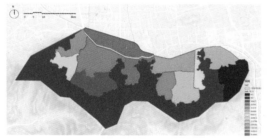

第二产业适宜性评价
Secondary Industry Suitability

第三产业适宜性评价
Tertiary Industry Suitability

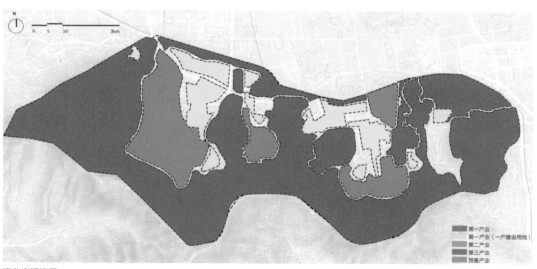

产业空间格局
Industrial Spatial Pattern

　　通过生态格局、景观格局和产业格局的叠加分析，提出各层面的规划策略，通过合成优化，得出基于康养产业导向的绿色空间格局规划。整体规划格局为"一屏、一带、两核、五片区、多节点"，塑造以小西山山地基底作为场地生态屏障，利用五条楔形绿地构建将城市与山地相融合的绿地空间格局，形成以康养产业为主导的产业景观带，以康养产业和休闲文化产业为核心的产业核，以及医养结合片区、特色休闲片区、森林康养片区、智慧康养片区、科技综合片区五大片区。

规划道路主要是在现有道路的基础上，扩展乡镇一、二级道路，新增部分道路，打通关键节点。场地植物风貌规划分为五大片区。在产业方面，每个核心、片区和轴线上分布有不同功能的康养产业点，构成康养产业发展的基点。

青山为屏　　　廊脉共生　　　林田融城　　　多园交映

生态格局规划策略
Ecological Pattern Planning Strategy

以南部自然山体作为生态屏障，限制建设开发活动，作为地块内的生态保护范围；充分利用现状农田和采摘园以及城市建设区内外荒地，打造高效农业和复合型采摘园，形成现代农业型康养互动场地；以规划道路建立绿地作为通廊，以现状沟渠水系为脉络，建立绿道以及弹性绿地将场地内绿地联系起来，形成网络；然后，在场地内设置多种游憩康养型公园。

要素提取　　　功能更新　　　绿道沟通　　　景观提升

景观格局规划策略
Landscape Pattern Planning Strategy

筛选出能够展示场地风貌的景观要素，使其融入进景观之中；针对现状的游憩活动策划丰富的游赏空间，为场地注入新的城市功能与活力；划分三类绿道：生态绿道、景观绿道、产业绿道，规划多样的游憩路线，丰富游客的景观体验；完善场地基础设施建设，适当增加景观游憩设施，为景观游憩格局的形成打下基础，分区提升植物景观风貌，形成独具特色的西山植物群落格局。

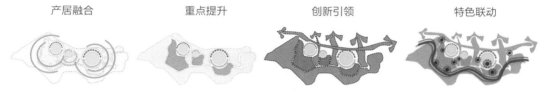

产居融合　　　重点提升　　　创新引领　　　特色联动

产业格局规划策略
Industrial Pattern Planning Strategy

产业空间从居住空间的旁生空间延伸发展，将产业布局引导作为空间发展的突破点和触发点，引领空间合理发展；重点提升第一产业水平，整合现状破碎园地和耕地，开发游憩采摘功能；将第三产业作为整个地块发展的动力，发展高新技术与现代旅游；在产业格局基础上，与康养主题结合，打造康养产业特色点。

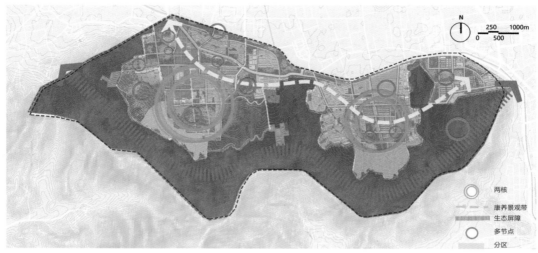

两核
康养景观带
生态屏障
多节点
分区

总体规划布局结构
Pattern and Structure of Master Plan

绿色空间格局
Green Space Pattern

医养结合片区
特色休闲片区
科技综合片区
智慧康养片区
森林康养片区

功能分区
Functional Zones

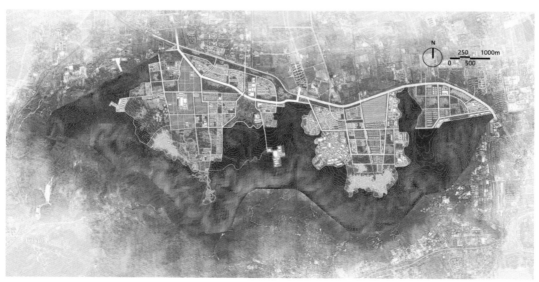

总体规划平面图
Master Plan

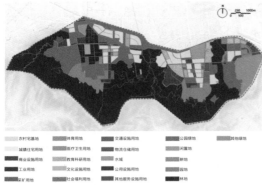

土地利用总体规划
Planning of the General Land Use

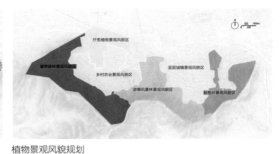

植物景观风貌规划
Planning of the Plant Landscape

交通体系规划
Planning of Transportation System

交通路线规划
Planning of Transportation

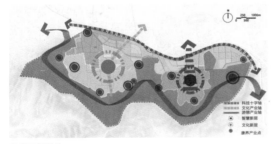

产业空间结构
Industrial Spatial Structure

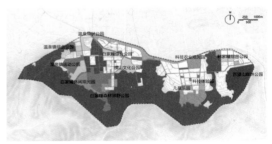

景观游憩绿地布局
Landscape Green Space

游憩路线规划
Planning of Recreation Route

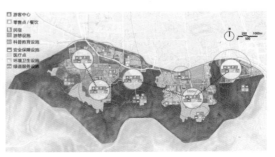

游憩服务设施体系规划
Planning of Recreation Service Facilities System

1. 适老型康复公园

场地在北京老年医院的西北侧,整体面积约 23.8hm^2。场地以山林地以及果园为基底,北部地块植被茂盛,南部地块有大片果林,设计将以康复游憩为主要功能,进行适老环境下的康复景观设计,希望营造一个复愈身心,疗愈心灵的游憩圣地。设计将通过对景观疗法和园艺疗法的研究,针对不同身体状况的人群分类,基于老人生理需求和心理需求,形成五感花园、森林浴场、园艺花园、知途花园、老年运动场等丰富多样的场地,营造适老环境,打造康复型景观。

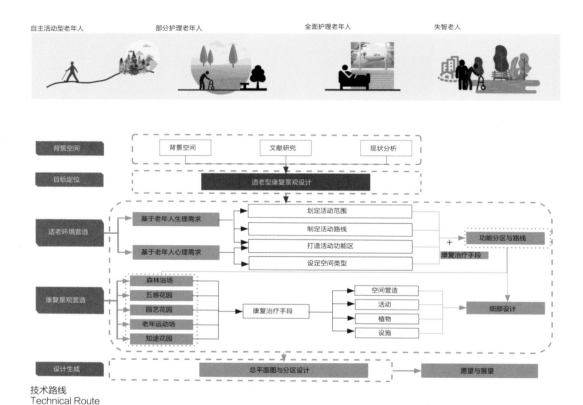

技术路线
Technical Route

森林浴场   五感花园

场地设计愿景拼贴
Site Design Vision Collage

不同类型老人活动范围分析
Activity Range of Different Elderly

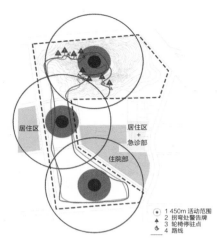

1 450m 活动范围
2 拐弯处警告牌
3 轮椅停驻点
4 路线

针对老人的道路设计分析
Roads Design for Elderly

空间感受类型设计分析
Space Atmospere for Elderly

康复治疗手段设计分析
Healthcare Therapy Design

老年运动场   园艺疗法   知途花园

1 知途花园
2 闲谈区
3 园艺疗法讲堂
4 采摘园、蔬菜园
5 林中小道
6 下沉剧场
7 门球场
8 视觉花园
9 听觉园
10 芳香园
11 触觉园
12 味觉园
13 森林健步道
14 林中休息场

适老型康复景观公园平面
Site Plan

功能分区
Facility Design

道路设计
Transportation Design

服务范围分析
Service Radius

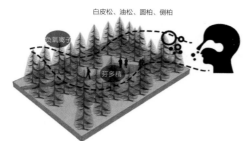

白皮松、油松、圆柏、侧柏

负氧离子

芬多精

森林疗养区设计策略
Design Analysis of Forest Health Resort

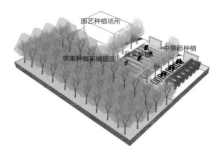

园艺种植场所
苹果种植采摘园区
中草药种植
蔬菜种植

园艺花园设计策略
Design Analysis of Horticultural Garden

蓝紫色：绣球花、瓜叶菊、
鼠尾草、鸢尾、翠菊、蓝羊茅

蜜源性植物

流水

粉色花：桃花、海棠、
榆叶梅、紫叶李、牡丹

五感花园设计策略
Design Analysis of Five Senses Garden

果林

薰衣草、鼠尾草花丛

五感花园设计策略
Design Analysis of Five Senses Garden

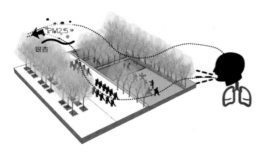

PM2.5

银杏

老年运动场设计策略
Design Analysis of Old Age Sport Ground

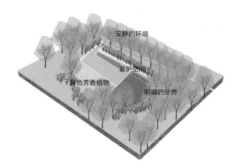

安静的环境

看护空间

鲜色芳香植物

明确的分界

知途花园设计策略
Design Analysis of Know Way Garden

园艺花园效果图
Perspective of Horticultural Garden

五感花园效果图
Perspective of Five Senses Garden

2. 白家疃森林郊野公园

场地位于白家疃村南部，约 69hm²。包含未成林造林地、部分采摘园、山林地及曹雪芹小道。片区上位规划定位为特色休闲区。通过基于森林康养与森林体验的郊野森林公园设计，引导浅山区森林生态系统的修复与提升，为城镇居民提供能够颐养身心的疗愈型生态环境，实现人与自然的和谐共生。

设计概念
Design Concept

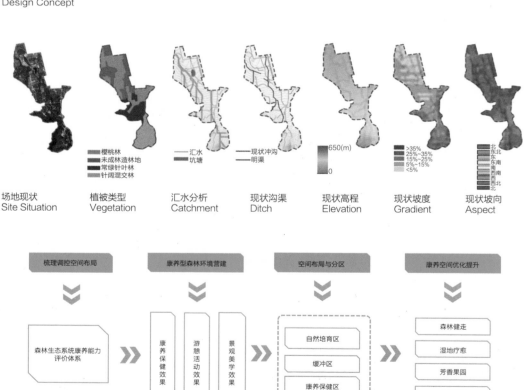

场地现状	植被类型	汇水分析	现状沟渠	现状高程	现状坡度	现状坡向
Site Situation	Vegetation	Catchment	Ditch	Elevation	Gradient	Aspect

技术路线
Technical Route

森林生态系统康养能力评价指标
Evaluation Index of Recuperation Ability of Forest Ecosystem

总目标	一级指标	二级指标	提升策略	主要植物种
基于森林康养需求的林地班块适宜性评价	康养保健效果	降温增湿	适当植物群落组合，达到降温增湿效果及人体舒适度要求	松、柏、桧、杨、桦、槐、黑核桃、桉类、悬铃木、刺槐、栾树、蔷薇属等
		负离子含量	依据季节变化及针阔叶树种产生负离子能力不同调整植物群落组成	
		滞尘	主要道路沿线、主要活动场地及康养空气要求较高的区域种植滞尘能力较高的植物种类	圆柏、元宝枫、银杏、槐树、栾树、丁香、紫薇等
		植物杀菌素	依据康养需求及总体设计，在特定区域集中配置释放杀菌素较多植物	松、柏、桧、杨、桦、槐、栓皮栎、桉类、悬铃木、刺槐、栾树、紫薇、大叶黄杨、蔷薇属等
		降低噪音	在园区边界种植适宜宽度的林带达到降噪效果	—
	景观美学效果	季相变化	利用有较高观赏价值和鲜明特色的植物的季相，增强季节感，在局部景区突出一季或两季特色，采用单一种类或几种植物成片群植的方式	桂花、梅、黄栌、黄杨、紫薇、松、柏、丁香、洋白蜡、银杏、茶条槭等
		色彩丰富度	不同花期的树木混合配置，增加常绿树和草本花卉	山桃、山杏、多花胡枝子、山茱萸、臭椿、五角枫、火炬树、黄杨、紫叶李、黄栌、鸡爪槭、银杏等
		整体组合效果	乔灌草比例按照景区功能、特征专项设计	—
	游憩活动效果	资源丰富度	康养游憩路线及节点结合文化资源点、现有游憩产业点等多种兴趣点布置	—
		便捷可达性	依照康养游憩需求配置徒步、骑行多种游览方式、多种游览时间的景区及路线	—
		林下空间疏密度	调整现状植物密度，设置开放、围合、半开放的多种活动场所	—
		空间位置	于不同空间位置设置多种游憩活动点	—

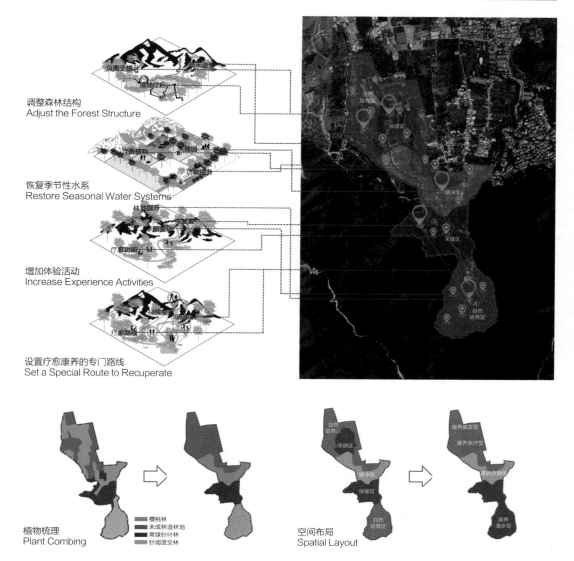

调整森林结构
Adjust the Forest Structure

恢复季节性水系
Restore Seasonal Water Systems

增加体验活动
Increase Experience Activities

设置疗愈康养的专门路线
Set a Special Route to Recuperate

植物梳理
Plant Combing

空间布局
Spatial Layout

樱桃林
未成林造林地
常绿针叶林
针阔混交林

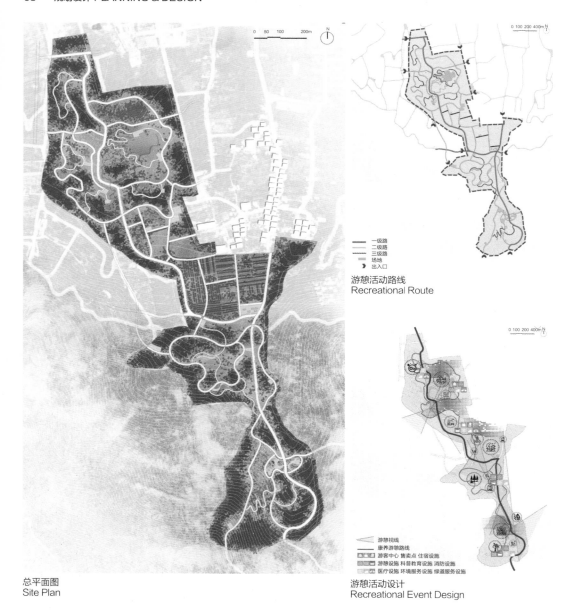

总平面图
Site Plan

一级路
二级路
三级路
场地
出入口

游憩活动路线
Recreational Route

游憩视线
康养游憩路线
游客中心 售卖点 科普教育设施 住宿设施
游憩设施 科普教育设施 消防设施
医疗设施 环境服务设施 绿道服务设施

游憩活动设计
Recreational Event Design

湿地疗愈区效果图
Perspective of Wetland Healing Area

丛林漫步区效果图
Perspective of Forest Roaming Area

调整森林结构，恢复部分果园为林地。设置疗愈康养的专门路线，按照观景视线及活动类型规划穿越线和环线。通过将冲沟及硬化的驳岸进行改造，收集季节性雨水用于果园灌溉结构，依托水系塑造湿地疗愈基地；在冲沟底部和两侧增加乡土灌草，形成湿地疗愈森林基地，依托水系营造提升负离子浓度。

0 1.5 3　6m

森林健走区剖面图
Section of Forest Healthy Walking Area

森林群落相关参数
Related Parameters of Forest Community

森林生态服务类型	主要植物种类	乔灌草比例	郁闭度	群落多样性
降噪滞尘	银杏、桧柏、云杉、雪松、圆柏、国槐、毛白杨、金银木等	1:3:10	0.60	0.50
乡土植物	白扦、云杉、粗榧、卫矛、丁香、连翘、木槿、珍珠梅、锦带、山杏、金叶榆、金叶槐等	1:5:15	0.60	0.60
固碳释氧	柿树、刺槐、栾树、泡桐、紫薇、元宝枫、黄栌、金银木等	1:4:8	0.60	0.40
色彩丰富度	柿树、刺槐、栾树、泡桐、紫薇、元宝枫、黄栌、金银木等	1:4:21	0.20	0.50

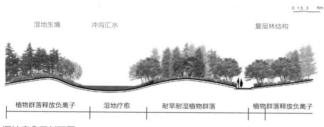

0 1.5 3　6m

湿地疗愈区剖面图
Section of Wetland Healing Area

湿地型森林群落相关参数
Related Parameters of Wetland Forest Community

湿地型森林植物选择	主要植物种类	乔灌草比例	郁闭度	群落多样性
保健养生	松、柏、桧、杨、槐、榉、栓皮栎、悬铃木、刺槐、栾树、紫薇、大叶黄杨、蔷薇等	1:6:10	0.35	0.50
耐旱耐湿植物	垂柳、旱柳、紫穗槐、雪柳、柿、马蹄金、斑叶芒、细叶芒、蒲苇、旱伞草等	1:6:15	—	0.50
净水植物	芦苇、芦竹、香蒲、细叶沙草、香根草、水生鸢尾、千屈菜、水葱、黄菖蒲等	1:4:18	—	0.50

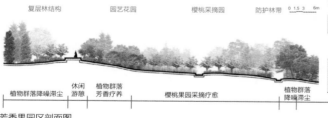

0 1.5 3　6m

芳香果园区剖面图
Section of Fragrant Orchard

芳香型森林群落相关参数
Related Parameters of Aromatic Forest Community

森林生态服务类型	主要植物种类	乔灌草比例	郁闭度	群落多样性
降噪滞尘	银杏、桧柏、云杉、雪松、圆柏、国槐、毛白杨、金银木、榆叶梅、红瑞木、天目琼花等	1:5:18	0.35	0.50
芳香疗养	山桃、三色堇、天竺葵、老鹳草、风信子、丁香、鼠尾草、金盏菊、紫藤、鸢尾、蔷薇、月季等	1:6:20	0.20	0.60

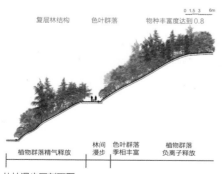

0 1.5 3　6m

物种丰富度达到0.8

丛林漫步区剖面图
Section of Forest Roaming Area

森林群落相关参数
Related Parameters of Forest Community

森林生态服务类型	主要植物种类	乔灌草比例	郁闭度	群落多样性
降噪滞尘	圆柏、元宝枫、银杏、槐树、栾树、丁香、紫薇等	1:4:0.8	0.70	0.60
保健养生	松、柏、桧、杨、榉、槐、刺槐、栾树、蔷薇等	1:6:1	0.85	0.70
季相变化	松、柏、洋白蜡、银杏、山桃、山杏、多花胡枝子、山茱萸、臭椿、五角枫、黄栌、紫叶李、黄栌、鸡爪槭等	1:6:0.8	0.80	0.80

3. 横山文化公园

场地位于白家疃村北部，约 44.2hm²。场地内部用地以林地、居住用地、工业用地为主。场地东部有鸟虫篆艺术研究院，建筑质量较好，在设计中考虑予以保留。

场地作为由城市到西山的过渡地带承载生态功能，并且将作为京密引水渠与小西山之间的连接绿楔，设计定位为全域康养景观示范场地。

设计将通过对裸露土地修复和弹性雨洪管理来修复生态基底，通过营造呼吸保健型林地、抗菌保健型林地、乡土灌木野花草地等复愈型森林群落来塑造康养环境，最终形成运动、休闲、科普结合的森林康养游憩体系。

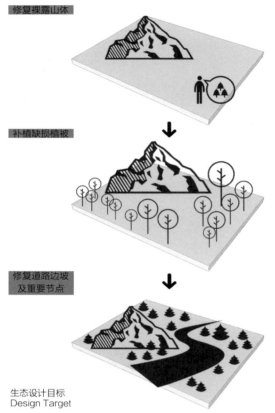

生态设计目标
Design Target

场地设计愿景
Design Vision Collage

01 康体健身场
02 儿童活动场
03 森林手工坊
04 一米果园
05 森林瑜伽
06 滨水剧场
07 湿地岛
08 集水旱溪
09 架空木栈道
10 森林教室
11 山体生境恢复区
12 观景台
13 文化展示广场
14 滨水花田
15 科普文化广场
16 景观连廊

场地设计平面
Site Plan

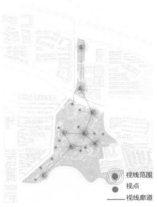

道路设计
Design of Walking System

功能分区
Functional Zones

视线分析
Analysis of Sight Viewing

滨水湿地景观
Perspective of Wetland

森林冥想景观
Perspective of Forest Meditation

森林活动设施
Perspective of Forest Activity Facilities

4. 温泉镇运动公园

　　场地位于温泉镇南部，面积约 32.7hm²。场地内包含京辉滑雪场原址及其东侧部分林地，规划定位为运动公园。通过对山体的修复、康养植物的种植，打造绿色健康的康体环境；通过康养运动类型的集合，建设一个集休闲、观光、游憩、运动于一体的康养型运动公园。

滑道修复
Skiing Trails Restoration

护坡陡坎修复
Slope Restoration
策略——山体修复
Strategies—Mountains Restoration

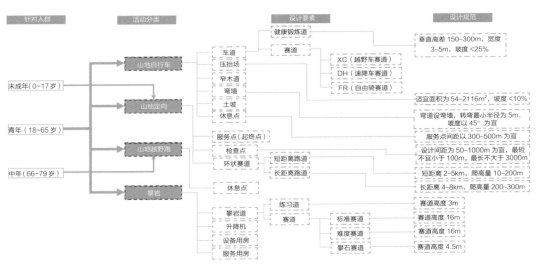

策略——康养运动
Strategies—Healthy Sports

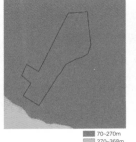
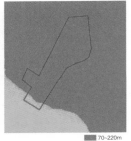

康养运动类型及潜在选址分析
Analysis on the Types of Healthy Sports and their Potential Site Selection

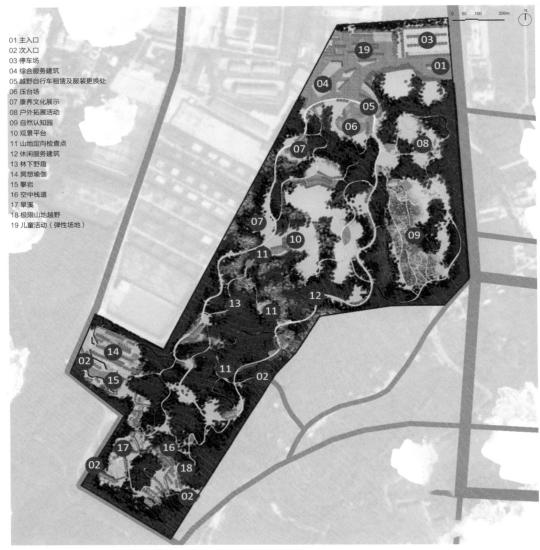

01 主入口
02 次入口
03 停车场
04 综合服务建筑
05 越野自行车租赁及服装更换处
06 压台场
07 康养文化展示
08 户外拓展活动
09 自然认知园
10 观景平台
11 山地定向检查点
12 休闲服务建筑
13 林下野趣
14 冥想瑜伽
15 攀岩
16 空中栈道
17 旱溪
18 极限山地越野
19 儿童活动（弹性场地）

平面图
Site Plan

现状解读
Site Analysis

规划分区
Planning Division

效果图位置示意
Position of the Perspective View

剖面图位置示意
Position of the Section

效果图 1——林下瑜伽—弹性空间
Perspective 1 of Yoga under the Forest-A Resilient Space

效果图 2——压抬场
Perspective 2 of Pressure Lifting Field

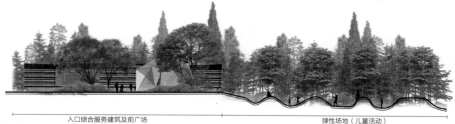

入口综合服务建筑及前广场　　　　　　　　　　　弹性场地（儿童活动）

剖面图 A-A1
Section A-A1

攀岩活动场地　　　　　　　　　　　弹性下沉空间（林下瑜伽）

剖面图 B-B1
Section B-B1

林下活动　　　　　　生态修复密林　　　　　　休闲建筑及活动广场

剖面图 C-C1
Section C-C1

自行车越野及空中栈道

剖面图 D-D1
Section D-D1

"自我愈合"
北京海淀小西山北麓浅山区绿色空间重构

"Self-Healing"
The Reconstruction of Green Space for the Hillside Area of Xiaoxi Mountain in Haidian District, Beijing

张翔、陈泓宇、陈希希、孙瑾玉、王诗漾、奚秋蕙、徐一丁、杨依茗、周佳怡
Zhang Xiang/Chen Hongyu/Chen Xixi/Sun Jinyu/Wang Shiying/Xi Qiuhui/Xu Yiding/Yang Yiming/Zhou Jiayi

海淀区小西山北麓浅山地区是被小西山东西向主山脊和京密引水渠围合形成"W"形区域，与三山五园地区隔山相背，是北京西山自然生态系统向城市延伸的重要组成。该区域属于浅山区和受浅山区影响的平原地带，除了浅山山地以外，该区域主要包括自然村庄、新建住宅区、文教科研、部分旅游开发用地及残存的部分耕地。

研究区域作为城市与自然山体过渡地段，物质能量交流频繁，生态较为脆弱。而无序的人工建设，使得山体受损、区域水循环断裂、水质污染，人对浅山区绿色空间的使用方式日渐单一。

此次规划希望在现有自然山体和城镇建设基础上，梳理地形、水文、植被的自然过程，保护关键生态用地，北延小西山生态屏障，重建自然生态体系，并以健康的绿色基底、有序的自然过程为介质，融合功能，激发场地活力，引导人们自发、健康地使用浅山区绿色空间。规划希望通过愈合自然生态系统的创伤，同时使人与浅山区割裂的关系愈合，最终建设一个连贯、高效、多元的浅山区生态网络。

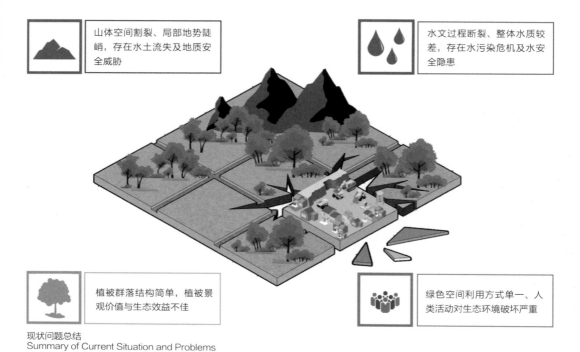

山体空间割裂、局部地势陡峭，存在水土流失及地质安全威胁

水文过程断裂、整体水质较差，存在水污染危机及水安全隐患

植被群落结构简单，植被景观价值与生态效益不佳

绿色空间利用方式单一、人类活动对生态环境破坏严重

现状问题总结
Summary of Current Situation and Problems

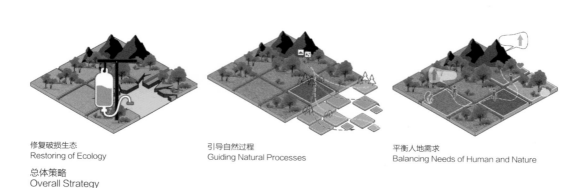

修复破损生态
Restoring of Ecology

引导自然过程
Guiding Natural Processes

平衡人地需求
Balancing Needs of Human and Nature

总体策略
Overall Strategy

作为西山片区生态北沿，研究区域具有极强的生态意义。各类上位规划对研究区域的生态需求、功能要求都有比较明确的界定，包括完善北京二道绿隔、城市绿道体系、彩化西山等。研究区域既要发挥其位于西山片区的生态功能，还要作为城市边缘区衔接必要的城市功能。

但由于无序的人工建设不断侵占山体，形成了大量山体裸露面、陡坎、坑地；硬质化的水渠隔断了水的自然循环，区域内水质较差、汇水利用率低；面积大、种类单一的次生林生态效益有限；人们对于浅山区绿色空间的使用越发单一，人与山的关系逐渐脱节。为应对"生态环境破坏，自然过程受阻，人工建设无序"的问题，提出优先修复破损生态、引导自然过程、平衡人地需求的总体策略及"自我愈合"的规划概念。愈合是期望的结果，自我是期望的方式——在现有绿色空间基础上，尊重地形重力作用之下的变形、水体的流动、植物的自然生长与演替，引导、促使生态系统的自我修复，希望绿色空间构建，恢复人对浅山区合理的使用，不仅要让破损的生态愈合，还要让人与浅山间日渐割裂的关系愈合。

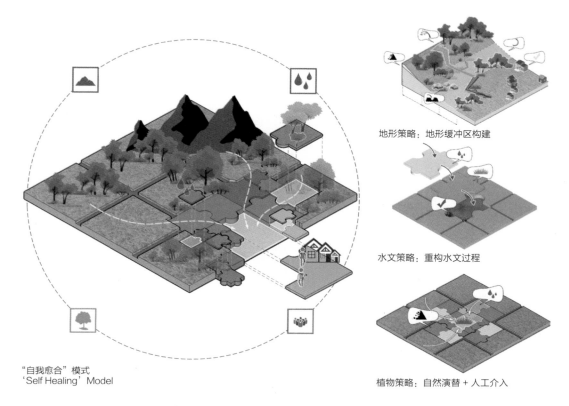

地形策略：地形缓冲区构建

水文策略：重构水文过程

植物策略：自然演替 + 人工介入

"自我愈合"模式
'Self Healing' Model

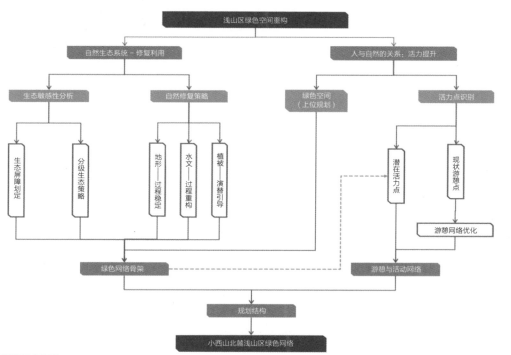

规划阶段技术路线
The Technical Route of Planning

连接 Connect
在现有基础上，对周边破
碎绿色空间进行整合，建
立空间联系

提升 Promote
针对日常使用需求，遴选
出绿色空间进行景观、功
能的提升

耦合 Coupling
根据城市功能节点，为绿
色空间植入相应的主题

活力提升策略
Vitality Promotion Strategies

地形缓冲区遴选结果
Result of Terrain Buffer Zone Selection

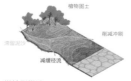

微地形塑造
Micro Topography

景观挡墙
Landscape Retaining Wall

水系及周边绿色空间整合结果
Integration Result of Water System and Surrounding Green Space

下沉空间消解
Sinking Space

梯田消解
Terrace

地形策略
Terrain Strategy

核心绿色空间叠加结果
Superposition Result of Core Green Space

生态调节型
Eco-regulation

亲水观景型
Hydrophilic Viewing

亲水活动型
Hydrophilic Activity

水文策略
Hydrological Strategy

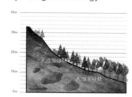

植被策略
Vegetation Strategy

尊重重力作用下的地形自然稳定，响应区域内潜在的地质灾害威胁，借鉴相关研究，7°~15°范围内坡度较适合地形稳定以及消解不利影响，因此根据现状用地分布划定7°~15°地形缓冲区。选取主要汇水线路，联系、疏通各汇水间的联系，形成线性绿色空间，整合周边绿地用来消解雨洪威胁，从而形成基于水文过程的绿色空间。得到研究区域内的核心绿色空间。

在已形成的绿色空间基础上，连接零星绿色空间、针对居民日常使用提升必要的绿地以及耦合重要的城市功能节点，从而提升区域的活力。一方面针对区域内部的道路现状，连通、梳理以及整合上位规划道路，形成优化后的路网体系。借用可达性的分析，通过区域内居住功能型的用地的可达性，复合现状的风景资源等活力点，得出区域内必要的活力提升点和新增点，形成绿道体系网络。

城市一级路
城市二级路
主要道路
次要道路
山间小路

道路优化
Road Optimization

800m
1500m

区域可达性分析
Accessibility

◎ 新增点
◉ 提升点

活力点遴选
Vitality Point

一级绿道
二级绿道

绿道体系构建
Greenway System

人与自然关系修复策略
Restoration of the Relationship Between Man and Nature

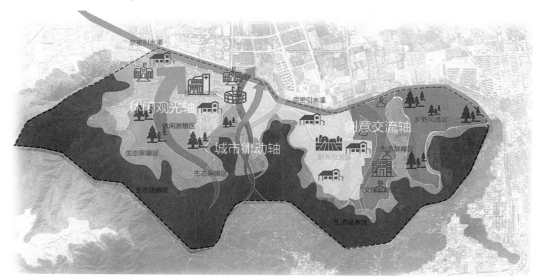

功能分区
Functional Zones

辛亥革命滦州起义纪念园

温泉社区公园

白家瞳景观休闲园

温泉文体公[

温泉森林生态公园

温泉休闲体验[

森林康养驿站

规划总平面图
Master Plan

云岭山地公园

自然教育园 百望山森林公园

N

0   200   600   1200m

规划前用地平面图
Pre-planning Land Use Plan

一类居住用地
二类居住用地
三类居住用地
公园绿地
防护绿地
水域
农林用地

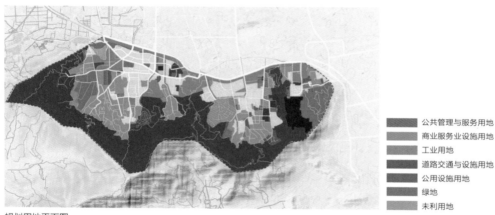

规划用地平面图
Land Use Plan

公共管理与服务用地
商业服务业设施用地
工业用地
道路交通与设施用地
公用设施用地
绿地
未利用地

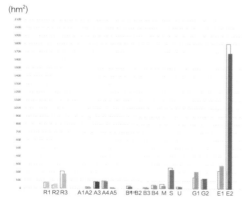

(hm²)

规划前后各类用地面积
Area of Lands Before and After Planning

(%)

规划各类用地比例
Proportion of Lands Before and After Planning

　　响应上位规划以及各项规划策略，将三类居住用地腾退或将其转化为一类、二类居住用地；腾退一部分工业用地；整合了现状品质不佳或是零星分布的用地，如部分商业、文化用地；形成了北部连贯的京密引水渠滨河防护绿地；增加了公园绿地。形成了区域内居住、教育、休闲、生态等功能组团。

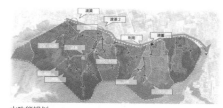

驳岸类型一：缓坡驳岸
Revetment Type I: Gentle Slope Revetment

驳岸类型二：阶梯驳岸
Revetment Type II: Step Revetment

水功能规划
Water Function Planning

水系统专项
Water System

选择适合不同坡向的植物
Plants for Different Aspect

护坡植物（＞25°）　　护坡植物（15~25°）　　护坡植物（7~15°）
湿生净化植物　　城镇抗污净化植物

固土护坡型植物规划
Plant Planning of Soil Consolidation and Slope Protection

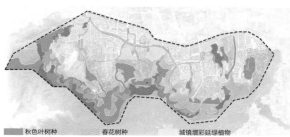

增加山脚护坡型植被
Slope Protection Vegetation

秋色叶树种　　春花树种　　城镇增彩延绿植物

景观性植物规划
Plant Planning for Landscape

植物专项
Vegetation

增加山路沿线景观化种植
Planting Along Roads

城镇绿道断面
Urban Greenway Section

科普型绿道断面
Science Popularization
Greenway Section

滨水绿道断面
Waterfront Greenway Section

山地绿道断面
Mountain Greenway Section

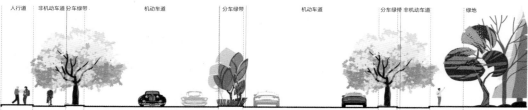

人行道　非机动车道 分车绿带　　机动车道　　　分车绿带　　机动车道　　分车绿带 非机动车道　绿地

城镇道路断面
Urban Road Section

道路系统专项
Traffic System

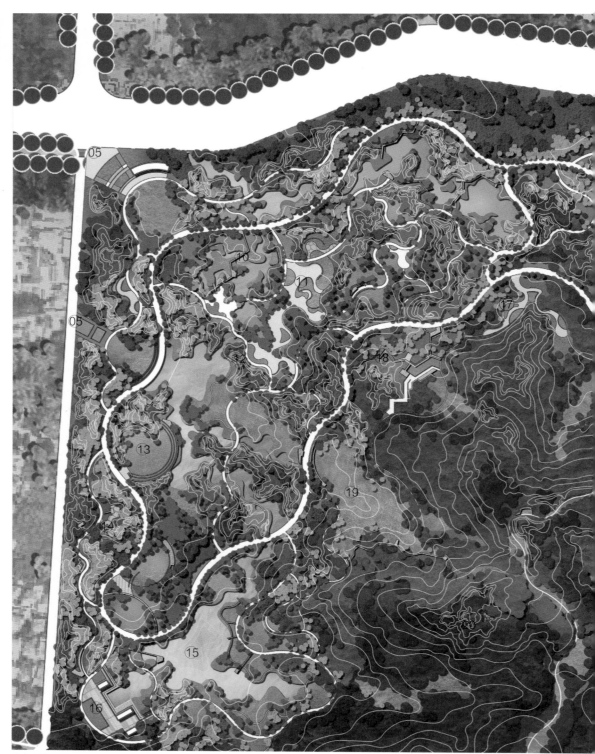

节点 1 平面图
Node1 Site Plan

① 主入口
② 停车场
③ 阳光草坪
④ 落英花谷
⑤ 次入口
⑥ 健身场地
⑦ 球场
⑧ 极限运动
⑨ 儿童花园
⑩ 湿生花园
⑪ 增彩延绿主题园
⑫ 山石花园
⑬ 草坪剧场
⑭ 林间营地
⑮ 景观水面
⑯ 傍山茶室
⑰ 坡地花园
⑱ 台地花园
⑲ 冲沟花园
⑳ 山亭

0 25 50   100   200m

1. 地形策略回应—云岭山地公园

云岭山地公园位于研究区域的中部，为小西山北脉与城市的交点，紧邻区域交通节点，面积60hm²，周边多为居住用地。本节点具有大面积的自然山体，自然景观完整、山地空间丰富。设计遵循山体自然脉络，以现存的沟、谷、平原为空间营造、功能划分的依据，消解局部地形的不利因素，集中且多样地展现山地风貌。形成了"一轴、一脉、三区多点"的景观结构。公园南部保留了山体自然的景观，并逐渐向北部城市景观过渡。西侧依托了山地交界处形成的丰富地形、现状山体冲沟，结合微地形塑造，打造一系列主题性植物景观展示花园，集中展现了山地景观。北侧及东侧依托现有谷地和平地回应城市界面，尽可能地利用建设难度较低的平坦区域，设置广场、场地等硬质空间，植入必要功能，以满足居民的日常使用需求。

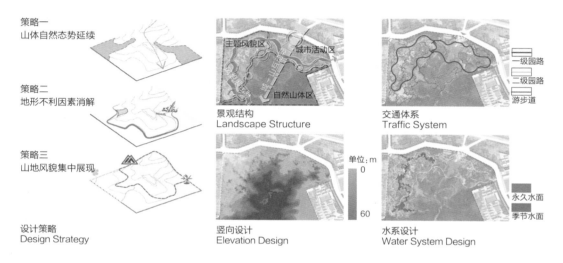

策略一
山体自然态势延续

策略二
地形不利因素消解

策略三
山地风貌集中展现

设计策略
Design Strategy

景观结构
Landscape Structure

交通体系
Traffic System

竖向设计
Elevation Design

水系设计
Water System Design

鸟瞰图
Aerial View

节点内地形丰富，通过放坡、台地等景观化方式消解具有安全隐患的地形，并注重地形塑造对于空间的围合、对外部环境的呼应、对汇水的合理组织。

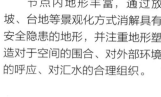

台地花园效果图
Perspective of Terrace Garden

策略一　　　策略二

策略三　　　策略四

极端地形消解与空间
Extreme Terrain Processing and
Space Blurring

剖面图 1
Section 1

剖面图 2
Section 2

溢流
下渗
细砂石（滤料层）
碎石层（过滤层）
砾石层（排水层）
下渗

剖面图 3
Section 3

2. 水策略回应——温泉休闲体验园、温泉体育公园

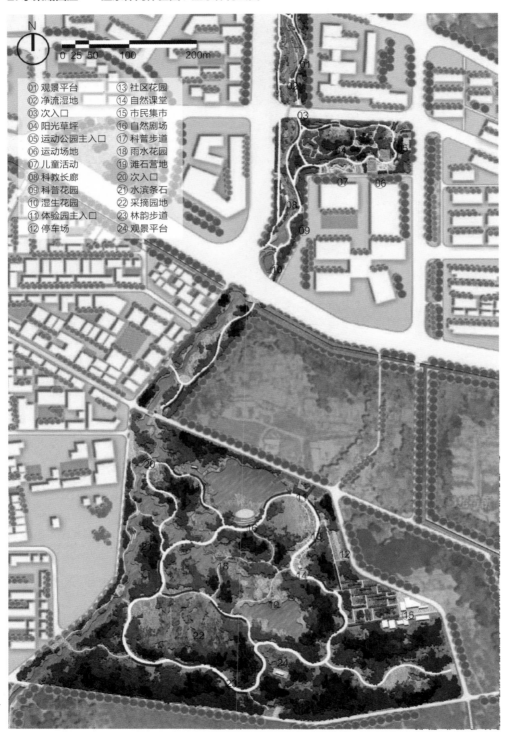

N
0 25 50 100 200m

① 观景平台	⑬ 社区花园
② 净流湿地	⑭ 自然课堂
③ 次入口	⑮ 市民集市
④ 阳光草坪	⑯ 自然剧场
⑤ 运动公园主入口	⑰ 科普步道
⑥ 运动场地	⑱ 雨水花园
⑦ 儿童活动	⑲ 滩石营地
⑧ 科教长廊	⑳ 次入口
⑨ 科普花园	㉑ 水滨条石
⑩ 湿生花园	㉒ 采摘园地
⑪ 体验园主入口	㉓ 林韵步道
⑫ 停车场	㉔ 观景平台

节点 2 & 3 平面图
Node 2 & 3 Site Plan

（1）温泉休闲体验园

温泉休闲体验园，位于海淀区温泉镇温泉体育中心南部，面积 30.97hm²。体验园以现状坑塘、西侧排洪沟为依托，建立汇水联系，构建渗透、滞留、蓄积、净化的水系统。依据现状的林地资源分布及现状道路，对公园功能分区进行规划，形成最终的设计方案。全园由生活休闲区、湿塘野趣区、自然野趣区、雨水科普区和采摘体验区五大分区组成，丰富的滨水空间为使用者提供多样的亲水体验。

节点 2 所在位置
Location of Site 2

坑塘保留
Pit Retention

水文重构
Hydrological Reconstruction

构建联系
Building Connections

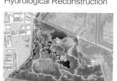

体系建立
System Establishment

方案生成
Scheme Generation

净化区
滞留区
渗透区

水系统
Water System

截留体系：地形
Interception System: Topography

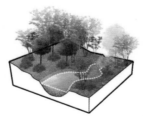

蓄积体系：景观水体
Accumulation System: Landscape Water

净化体系：静置塘
Purification System: Standing Pond

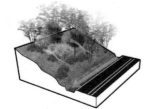

截留体系：沟渠
Interception System: Ditch

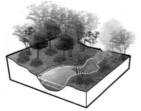

蓄积体系：调蓄塘
Storage System: Regulation and Storage Pond

净化体系：净化台地
Purification System: Purification Platform

"截留—蓄积—净化"模式
Interception-Accumulation-Purification Model

剖面图 1
Section 1

剖面图 2
Section 2

剖面图 3
Section 3

效果图 1
Perspective 1

效果图 2
Perspective 2

（2）温泉体育公园

温泉体育公园位于温泉体育中心的北侧，紧邻北京 101 中学，周边为大量的居住组团。地块南北相距 560 余米，总面积约 8hm²。温泉体育公园为节点 2 水系北延。方案西侧为依托水系的带状滨水空间，东侧为主要活动区域。

相较于南侧公园以大面积的绿地消解雨洪威胁，本节点通过必要的硬质空间塑造满足功能需求同时又要达到雨水调蓄的目。暴雨时，硬质场地未消解的雨水迅速汇至下沉式运动场，通过透水铺装收集、储存在地下的储水设施内。

节点 3 所在位置
Location of Site 3

功能分区
Functional Zones

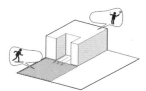

体育功能外延
承载一定的运动休闲功能，作为南侧体育中心功能外延

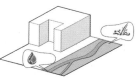

承接 / 净化上游汇水
消解上游汇入雨水的污染，再排入市政水利设施

设计策略
Design Strategies

剖面图 1
Section 1

剖面图 2
Section 2

径流净化 / 利用模式
Runoff Purification/Utilization Model

3. 植物策略回应——自然教育体验园

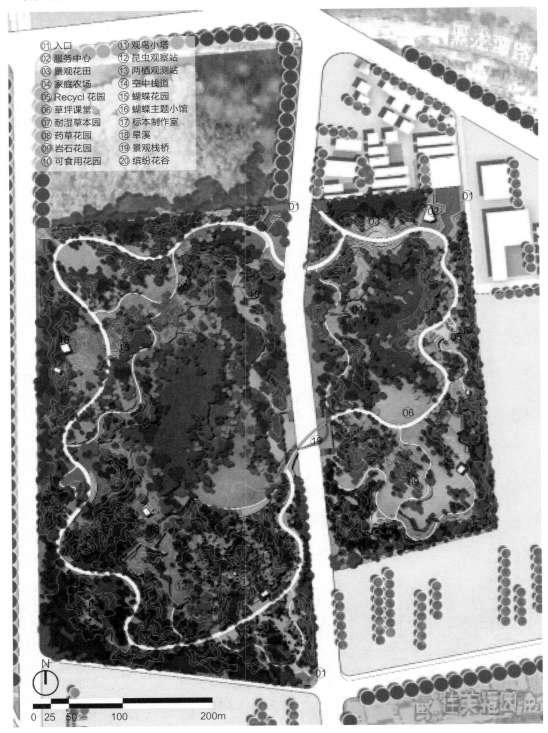

01 入口   11 观鸟小塔
02 服务中心   12 昆虫观察站
03 景观花田   13 两栖观测站
04 家庭农场   14 空中栈道
05 Recycl 花园   15 蝴蝶花园
06 草坪课堂   16 蝴蝶主题小馆
07 耐湿草本园   17 标本制作室
08 药草花园   18 旱溪
09 岩石花园   19 景观栈桥
10 可食用花园   20 缤纷花谷

0 25 50   100   200m

节点 4 平面图
Node 4 Site Plan

疏林 / 草地
Sparse Forest /
Grass land

湿地
Wetland

花田 / 农田
Flower Field / Farmland

密林
Thick Forest

生境塑造
Habitat Shaping

效果图 1
Perspective 1

效果图 2
Perspective 2

剖面图 1
Section 1

剖面图 2
Section 2

场地面积 22hm²，现状为大面积腾退用地遗留建筑垃圾。设计希望在场地绿色从无到有的过程中，以植物景观塑造为基础，展现植物演替过程，以自然认知与自然教育为切入，通过不同的植物空间塑造，打造不同的生境，以承载不同的自然教育内容。地形结合植被空间的塑造创造不同自然展示空间，同时希望融入虚拟现实（Virtual Reality，简称VR）等创新内容，实现植物演替过程的虚拟展现。

4. 功能策略回应——森林康养驿站

①	入口
②	停车场
③	蔬果架
④	采摘林
⑤	景观水体
⑥	康养服务
⑦	冲沟花溪
⑧	林间康体
⑨	山亭
⑩	阳光草坪

节点 5 平面图
Site 5 Plan

效果图 1
Perspective 1

效果图 2
Perspective 2

本节点位于研究区域南部山地，为多条规划绿道交点，是康养绿道的终点及连接香山绿道的重要节点，同时又是区域西侧山体截洪沟的源头。

节点拥有大面积山体空间，现状有建筑 750m² 及大面积的果林。设计充分以现状各要素分布作为空间划分依据，将景观塑造与康养功能相结合，根据不同的康养内容划分功能区。景观水体蓄积山体汇水，并能为果林提供灌溉用水。末端净化塘将溢出的干净雨水排入截洪沟，为下游提供净水。

交流互动区：以建筑空间为主，兼具设施型、交流性康养功能；参与体验区：以果林为主，满足室外参与型康养需求；疏林活动区：空间疏朗，满足户外交互需求，主要承担交流型康养；静谧休憩区：以山林空间为主，以私密空间承载静谧型康养。

设施型康养
Facility Health Care

交流型康养
Communication Health Care

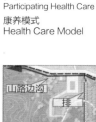

参与型康养
Participating Health Care

静谧型康养
Quiet Health Care

康养模式
Health Care Model

功能分区
Functional Zones

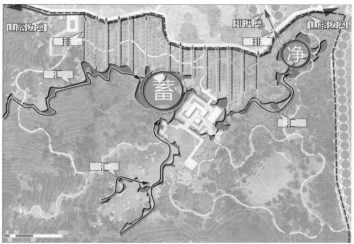

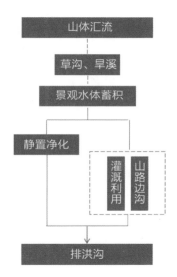

汇水截流、蓄积、净化、利用过程
The Process of Water Closure, Accumulation, Purification and Utilization

景观水体（永久存水）
Landscape Water (Permanent Water Storage)

雨水花园（长时存水）
Rainwater Garden (Long Term Water Storage)

下沉绿地（短时存水）
Subside Green Land (Short-term Water Storage)

水系统
Water System

"城市的选择：集聚与离散"
基于高密度混合集聚区系统的海淀区小西山北麓浅山地区更新计划

"Choice of City: Aggregation or Spread"
The Renewal Plan for the Hillside Area of Xiaoxi Mountain in Haidian District Based on High Density Mixed Agglomeration

孙一豪、闫佳伦、黄潇以、陈思清、张文慧、冯甜、赵琦、李秋鸿、陈燕茹
Sun Yihao/Yan Jialun/Huang Xiaoyi/Chen Siqing/Zhang Wenhui/Feng Tian/Zhao Qi/Li Qiuhong/Chen Yanru

规划地块位于海淀区小西山东西向主山脊和京密引水渠围合形成 W 形碗状区域，是北京西山自然生态系统内的浅山区。

通过对该地块的现场感知、相似案例的研究以及 POI 数据的提取，得出本次的绿地系统规划设计以近郊旅游作为导向。将理查德福尔曼从生物学角度提出的土地配置模式——聚集之间有离散作为理论指导，通过总体规划的三个步骤：整合用地及发展模式，完善城市基础设施；规划绿地系统；构建高密度集聚区构建＋绿地系统，最终形成集聚间有离散的边缘区绿地系统。为居民与外来游客打造浅山区域良好的自然条件。

1. 用地分析

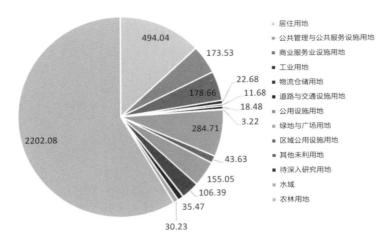

494.04
173.53
22.68
178.66
11.68
18.48
3.22
284.71
2202.08
43.63
155.05
106.39
35.47
30.23

- 居住用地
- 公共管理与公共服务设施用地
- 商业服务业设施用地
- 工业用地
- 物流仓储用地
- 道路与交通设施用地
- 公用设施用地
- 绿地与广场用地
- 区域公用设施用地
- 其他未利用地
- 待深入研究用地
- 水域
- 农林用地

现状土地利用面积图
Pie Chart of Current Land Use Area

规划地块位于海淀区小西山东西向主山脊和京密引水渠围合形成"W"形碗状区域，是北京西山自然生态系统内的浅山区，总面积约为 30km²。规划地块南部以农林用地为主，东部为百望山森林公园，北部为城市建设用地。建设用地与农林用地交界处分布有军事用地、区域公用设施用地（墓园）等。

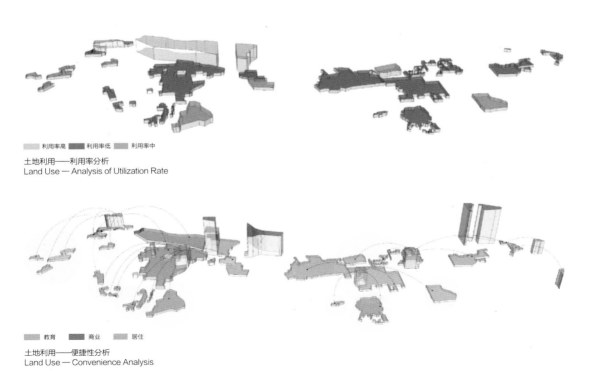

利用率高　利用率低　利用率中

土地利用——利用率分析
Land Use — Analysis of Utilization Rate

教育　商业　居住

土地利用——便捷性分析
Land Use — Convenience Analysis

现状土地利用分析
Current Land Use Analysis

旅游景点 POI 核密度分析
Core Density Analysis of POI in Tourist Attractions

餐饮 POI 核密度分析
Core Density Analysis of Catering POI

住宿 POI 核密度分析
Core Density Analysis of Residential POI

交通 POI 核密度分析
Core Density Analysis of Traffic POI

POI 核密度分析
Core Density Analysis of POI

　　地块内的旅游资源集中分布在场地的南北两侧，开发最好的即为东部的百望山。坡度相对较缓的南侧浅山地带，基本处于未开发状态，且旅游资源间基本相互独立，并无明显游线；餐饮服务点基本分布在北侧主路黑龙潭路两侧，餐饮服务质量一般；交通 POI 分析以停车场与公共交通站点为主，交通可达性较差。

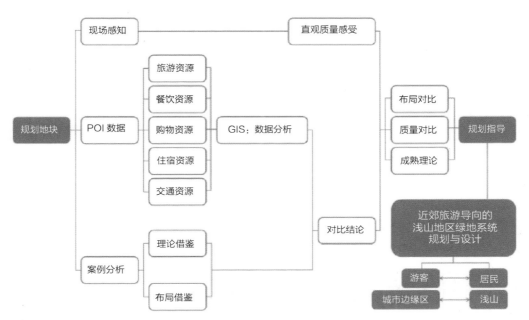

规划设计技术路线
Plan and Design Technical Route

2. 解决问题

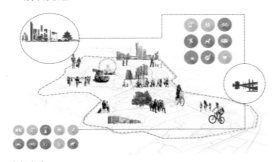

出行方式
Travel Mode

3. 社会需求

　　场地虽没有与城市扩张形成正面冲突，但分布着许多与生活相关的要素。考虑浅山区特殊的地理位置，应充分利用风貌良好的自然景观，以及本身独具的历史遗迹点，规划中应考虑居民与外来游客的需求，展现浅山片区独特风貌。

4. 规划目标

　　（1）尊重上位规划对目标地块的发展导向，进行有限的聚集区重新布局，特别是针对浅山地区所提出的生态红线不能越线。
　　（2）综合考虑浅山与城市边缘区的特点并提出应对措施，在区域绿地大概念下做综合考虑。

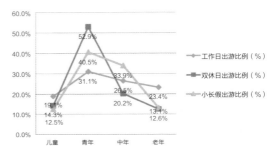

不同年龄的人群出行时间选择
Travel Time Choice of People of Different Ages

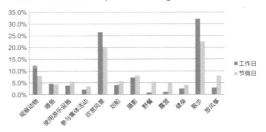

不同游客特征比较
Comparison of Tourist Characteristics in Different Seasons

工作日和节假日的游玩活动比较
Comparison of Play Activities on Weekdays and Holidays

　　（3）节假日短途旅游导向，挖掘旅游资源潜力，对公共服务设施进行提升与合理布局。
　　（4）将旅游导向的需求作为土地利用依据，打造兼顾旅游与周边社区生活的绿地系统与公共服务系统。

保留现状
Keep the Status Quo

补充需求
Additional Requirements

保护遗产
Protect Cultural Heritage

整合区域
Regional Integration

5. 规划概念

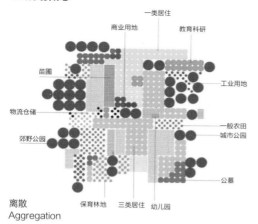

离散
Aggregation

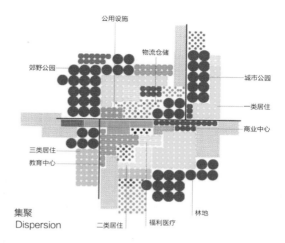

集聚
Dispersion

1995 年理查德福尔曼从生物学角度提出一种理想的土地配置模式——聚集之间有离散。

生态化土地利用配置模式（Aggregate-with-outliers，简称 AWO 土地配置模式）从区域的空间纹理上来考察一个区域或者景观空间模式的生态重要程度，它强调的是"粗放纹理"与"细致纹理"两者相结合。

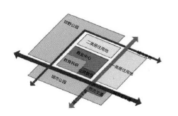

步骤 1
Step 1

步骤 2
Step 2

步骤 3
Step 3

总体规划结构分为三个步骤，首先进行用地调整，同时完善城市基础设施，接着进行绿地系统规划形成城市与绿地规划相互反馈，最终构建集聚间有离散的边缘区绿地系统。

（1）整合用地及发展模式，完善城市基础设施；

（2）规划绿地系统，形成完善的绿地网络系统；

（3）高密度集聚区构建 + 绿地系统，形成集聚间有离散的边缘区建设用地—绿地关系。

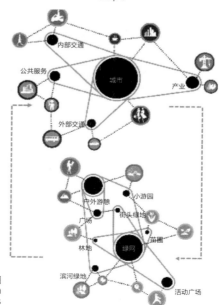

集聚间有离散的边缘区绿地系统分析图
Analysis Diagram of Green Space System with
Discrete Edge Areas Between Clusters

私家园林遗址公园

老年公寓

温泉度假村

农业观光园

温泉公园

0   50   100   200m

度假山庄

郊野公园

东岳庙公园

红叶观光园

樱桃采摘园

规划总平面
Master Plan

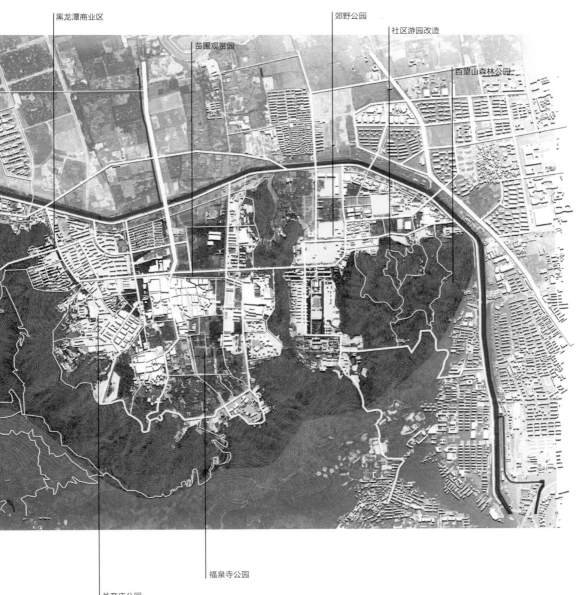

黑龙潭商业区

苗圃观赏园

郊野公园

社区游园改造

百望山森林公园

福泉寺公园

关帝庙公园

6.规划结构

城市交通网络
Urban Transportation Network

（1）城市基础设施完善

增加该区域内公交车站点覆盖度；规划步行区域，提供安全多样的慢行体验。

梳理路网结构，连接场地中原有断头路，增加路网密度。

（2）区域绿地系统营建

结合居民及游客的生态休闲需求，营建一系列公园绿地、区域绿地，增大地块的吸引力。

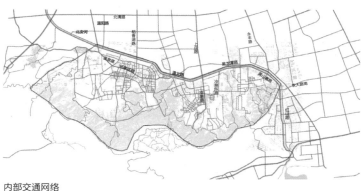

内部交通网络
Internal Transportation Network

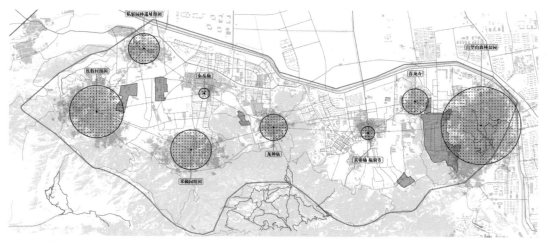

公园体系营建
Park System Construction

在主要道路、村庄、居住区及
商业中心附近布置绿色开放空间以
及广场，提供日常性短时间的户外
休闲场所。

绿色开放空间体系营建
Green Open Space System Construction

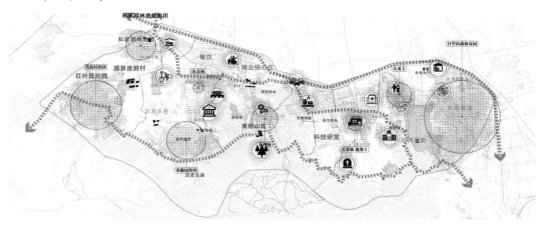

现状交通分析
Traffic Analysis

（3）绿地系统激发城市活力

增加绿地园区，形成生态旅游绿地体系，增设
配套服务设施类型，为居民和游客提供更便捷的服
务体系。

总体规划通过对用地的梳理，在每个分区内形
成高密度混合集聚区＋绿地的组团模式，交通上根
据旅游资源与交通需求由三条步道相串联。

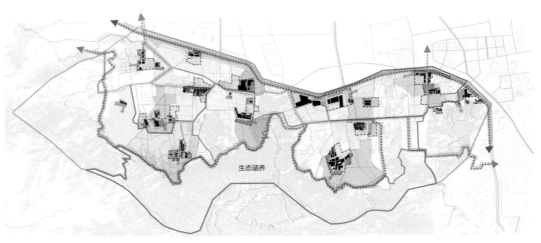

绿地系统的反馈及城市的发展
Greenland System Feedback and Urban Development

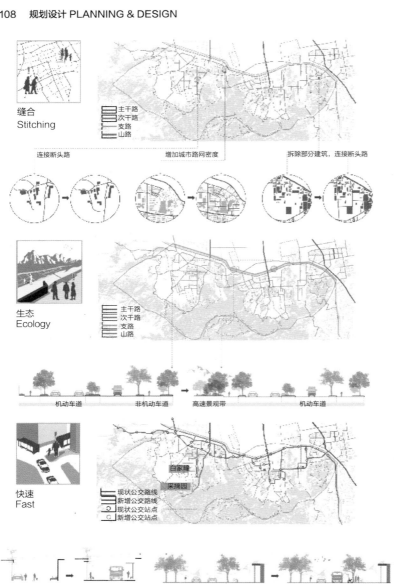

规划道路连接断头路，提高道路通达性，方便居民到达公共休闲用地。

将部分围墙边界打开，通过种植设计丰富道路两侧植物种类以及景观效果，增加观赏层次感。

拓宽重要道路路面，减少堵车现象，并在重点建设区域增设公交站点。

在居住区、商业区、娱乐区等区域增设停车点，满足自驾游停车需求，达到生活、工作便捷的目标。

综合考虑餐饮、商业、酒店等商业服务设施，公共服务设施，轨道交通，大型社区及绿色公共空间主要出入口的分布等因素，本着便捷性、通达性的原则，以慢行系统串联以上重要元素的方式来规划慢行交通，形成重点地区及重要节点的慢行体系。

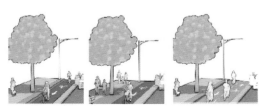

慢行系统规划意向
Slow System Planning Intention

步行系统规划
Walking System Planning

自行车系统规划
Bike System Planning

公共服务设施分布
Distribution of Public Service Facilities

商业服务设施分布
Distribution of Commercial Service Facilities

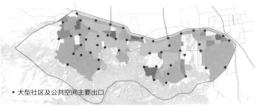

大型社区及绿色公共空间主要出入口分布
Distribution of Main Entrances of Large Community and Public Green Space

轨道交通站点分布
Distribution of Rail Transit Stations

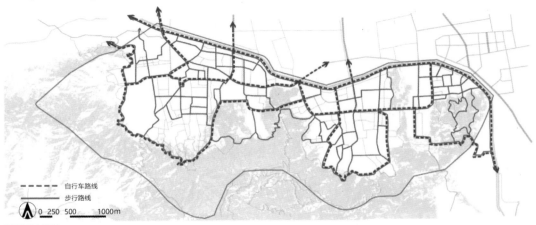

慢行系统规划
Slow Walk System Planning

7. 绿地规划

建设用地中公园绿地所占面积最大，大面积公园组团主要分布在区域西侧。

属于非建设用地的区域绿地中，生态保育绿地所占面积最大，其次为风景游憩地。

少量广场用地集中分布在人流量较大的居住区以及商业点，居住区以休闲、健身功能为主，商业区广场以疏解人流量、交谈、通行为主要功能。

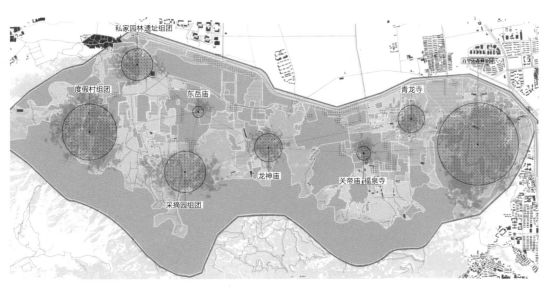

现状绿地平面图
Plan of Current Green Space

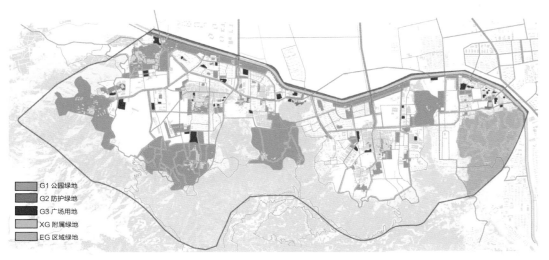

绿地规划总图
Master Plan of Green Space

8. 旅游规划

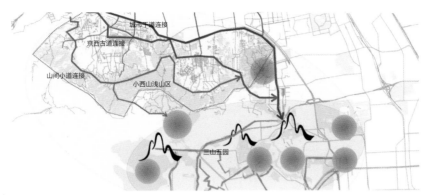

通过对城市干道、京西古道、山间小道的开发，打破山体的阻隔，将浅山区与三山五园联系在一起，形成统一的游览系统。

交通连接分析
Traffic Connection Analysis

基于场地现状，依托京西古道，梳理文化脉络，将小西山和三山五园联系在一起，引导人们借此开始一番文化追寻之旅。促进文创产业的集合。

文脉连接分析
Cultural Connection Analysis

市域旅游规划构想
Urban Tourism Planing

9. 区域产业规划

以自然资源为基础，以民俗文脉为导向，积极促进自然旅游和人文旅游的双向发展，同时重构村镇环境，改善基础设施，在城市向山区的过渡中形成主导型产业、控制型产业、特色型产业互相支撑补益的良好产业结构，打造浅山区多元空间构架下，集休闲、文化、运动、科教、游憩、商业、居住于一体的复合型浅山区旅游景观带。

区域产业建设　　　　　　　　　　　　　区域景观提升

区域发展

提供物质基础　　　　　　　　　　　　　引导优化方向

工业用地
商业与服务业设施用地
物流及仓储用地

0 250 500   1000m

产业用地现状分布
Industrial Land Distribution

工业用地
商业与服务业设施用地
物流及仓储用地

0 250 500   1000m

规划后产业用地类型分布
Industrial Land Distribution after Planning

场地位于城市边缘区的浅山地带，以村镇为主要行政单位，因此发展乡村产业，改善乡村产业结构与提升乡村景观相辅相成又互相制约。小西山浅山区北麓地区村镇发展存在主导产业竞争力不足、加工产业造成生态破坏、特色文化、服务产业尚未合理挖掘等问题。产业构成结构与景观相对应，丰富多元的产业结构包含农林牧渔、文化、旅游等各个方面，产业联动，有助于区域全面发展，提升景观多样性。

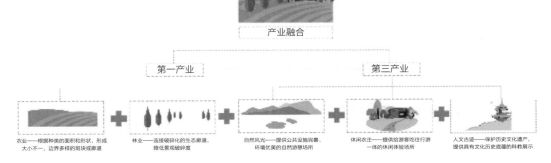

第一产业   第三产业

特色农业型   休闲旅游型   历史文化型

经济性与观赏性并重

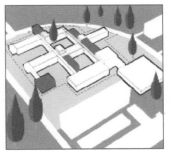

限制产业过度扩张

增加产业模式

引进先进农业技术

产业转型升级

文化遗产保护与开发

基于产业特征的景观规划策略
Landscape Planning Strategy Based on Industrial Characteristics

10. 康养产业综合体

　　规划区域位于设计场地的西南，在保障原有用地性质不变的情况下，利用现状自然人文资源、打造康养产业综合体，协调居住、游憩与医疗之间的关系并从挖掘康养资源、塑造康养特色、创新康养文化三个方面出发，完善区域功能，丰富活动形式。

1 森林太极广场
2 静坐冥想台
3 登山栈道
4 森林氧吧
5 听雨慢跑
6 竹林瑜伽台
7 树屋
8 趣味露营
9 垂钓
10 百果采摘园
11 森林音乐厅
12 山地自行车
13 观景平台
14 医院总部
15 医养中心
16 青少年心理诊疗馆
17 综合服务中心
18 商贸配套服务区
19 生态停车场
20 自行车停放点
21 疗养花园——味觉园
22 疗养花园——视觉园
23 疗养花园——听觉园
24 疗养花园——嗅觉园
25 复健中心
26 集体运动广场
27 妇幼养生馆
28 全龄活动中心
29 居住区
30 居住区花园

康养综合体平面图
Master Plan of The Complex of Health Care

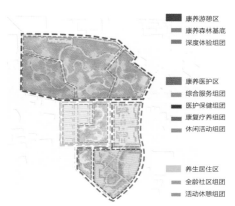

康养游憩区
康养森林基底
深度体验组团

康养医护区
综合服务组团
医护保健组团
康疗复养组团
休闲活动组团

养生居住区
全龄社区组团
活动休憩组团

功能分析
Function Analysis

近自然群落　　　　乡土植物群落

植物组团搭配
Plant Design

植物空间组合

植物组团搭配
Plant Design

植物空间组合

跑步道效果图
Perspective of Running Track

康养花园效果图
Perspective of The Health Care Garden

11. 高速景观带

　　设计地块属于规划分区的商业服务区和规划三
条绿道中的车行风景道中，因此将场地定位为：
（1）植物景观多样化的车行风景绿道；
（2）服务于周边社区居民的多功能绿地；
（3）展示温泉镇特色风貌的休闲公园。

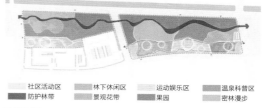

社区活动区　　　林下休闲区　　　运动娱乐区　　　温泉科普区
防护林带　　　　景观花带　　　　果园　　　　　　密林漫步

功能分区
Function Analysis

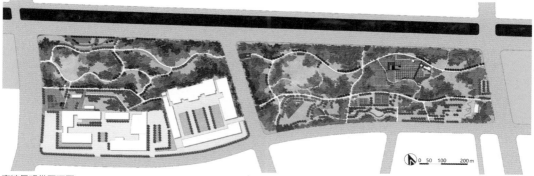

高速景观带平面图
Master Plan of Green Way

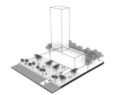

植入居民感兴趣功能 提升绿地品质　　提升水源防护绿地品质并适当植入功能　　丰富道路景观，打造连接居住区绿地与设计地块的慢行绿道　　挖掘温泉镇文化资源，用设计语言表达文化符号，提升绿地吸引力

植物种植剖面图
Plant Section

社区花园效果图
Perspective of Community Garden

林下休闲广场
Perspective of Leisure Square

12. 体育公园

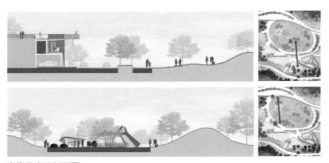

真趣儿童区剖面图
Section of Adventure Playground

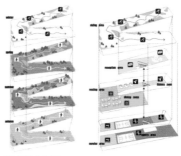

活动类型分析
Activity Analysis

分区平面图
Part Plan

场地规划为绿地和商业区组团,将现有的休闲体育场所整合,形成体育公园;将散布的商业用地整合,形成商业服务综合区。商业建筑顶部开辟为滑雪场,并通过乔木和地被来塑造丰富的季相景观;儿童区包含多功能服务性建筑,结合起伏的地形和多样化游乐器械,打造一个趣味丛生的儿童游乐区。

① 主入口
② 服务性建筑
③ 足球场
④ 排球场
⑤ 篮球场
⑥ 乒乓球场
⑦ 网球场
⑧ 休憩广场
⑨ 花田
⑩ 烧烤广场
⑪ 游乐广场
⑫ 趣味草坡
⑬ 儿童体育馆
⑭ 水广场
⑮ 极限运动场
⑯ 次入口
⑰ 服务性建筑
⑱ 综合性建筑
⑲ 室外休憩室
⑳ 树阵广场
㉑ 镜面水池
㉒ 旱喷
㉓ 花台
㉔ 停车场

设计平面图
Design Plan

13. 生态采摘园

花卉观赏区效果图
Perspective of Flower Field

农业体验区效果图
Perspective of Agriculture Experience Garden

　　场地总体布局为两段、两环、九区、多点，两段分别为生态游憩段和农业体验段，而两环则为环绕园区的道路环路以及水路环路。九区为入口景观区、花卉观赏区、儿童活动区、鲜果采摘区、农业体验区、园艺科普区、野外烧烤区、生态湿地区和户外垂钓区。

道路环线效果图
Perspective of Road Loop

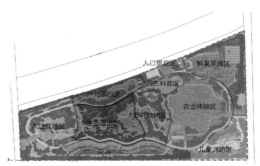

分区平面图
Part Plan

① 音乐喷泉　⑬ 果蔬采摘
② 阳光草坪　⑭ 停车场
③ 潺潺流水　⑮ 儿童娱乐
④ 登山步道　⑯ 花卉观赏
⑤ 户外烧烤　⑰ 温室大棚
⑥ 亲水栈道　⑱ 树阵广场
⑦ 互动水车　⑲ 园艺科普
⑧ 农耕体验　⑳ 农家美食
⑨ 亲水步道
⑩ 林中垂钓
⑪ 主入口
⑫ 接待中心

设计平面图
Design Plan

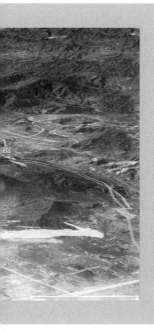

基于浅山生态保护的山·城交错体模型构建

Construction of Mountain and City Interlaced Model Based on Ecological Protection of the Hillside Area

周煜、孙睿、木皓可、赵海月、马立婷、康嘉奇、周妍汐、牛慧、孔阳
Zhou Yu/Sun Rui/Mu Haoke/Zhao haiyue/Ma Liting/Kang jiaqi/Zhou yanxi/Niu hui/Kong yang

场地位于北京海淀小西山北麓浅山地区，以组成小西山北麓的城子山、蘑菇帚、三柱香、双石岭、三昭山与百望山一线主山脊为界，北侧以京密引水渠为界。

作为山地生态系统和平原生态系统的交错带，浅山区生态系统服务价值的发挥对提升北京城市整体品质至关重要。

此次规划希望在优化浅山区生态格局的基础上赋予绿地更多内容和活力，打造基于浅山区生态保护的山·城交错体。分别打造山·城浅山生态模型，构建动植物栖息繁衍的科普窗口；打造山·城乡村生活模型，修复山水林田相融合的生态基底；打造山·城绿色生产模型，形成人地和谐发展的示范区；打造山·城郊野游憩模型，规划乡土文化游憩的展示带。

1. 总体框架

总体逻辑框架
Overall Logical Framework

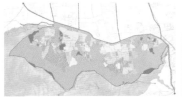

生物安全低敏感区
Biosafety Low-sensitive Area

生物安全中敏感区
Biosafety Moderate-sensitive Area

生物安全高敏感区
Biosafety High-sensitive Area

（1）生物安全格局

规划通过对生态安全格局和生活游憩体系的构建来确定规划区域绿色空间范围。

前期构建生物保护安全格局时，先对动植物焦点物种（动物：环颈雉、黄鼬、青蛙；植物：侧柏）进行选取以分析栖息地适宜性并以此来确定"源"。确定后对物种空间阻力进行分析，建立阻力面。最后模拟单一物种的生物安全格局和植物生境适应性形成综合生物安全格局。

生物安全格局
Biosafety Pattern

（2）防灾避险安全格局

通过分析 NDVI 植被归一化指数、坡度和土地利用类型，将场地分为高敏感区、中敏感区和低敏感区，与现状用地比对，调整绿地空间。基于以上二者得到防灾避险安全格局。生物、防灾避险格局叠加形成最终的生态安全格局。基于此对用地进行调整。

选取北京市 20 年、50 年和 100 年一遇降雨量，利用 SCS 模型得到小西山北麓整体雨洪淹没范围，形成雨洪安全格局后与现状用地比对，调整绿地空间。

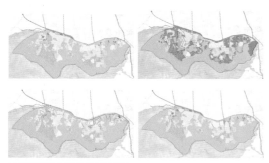

基于雨洪安全格局的绿地调整
Green Space Adjustment Based on Rain and Flood Safety Pattern

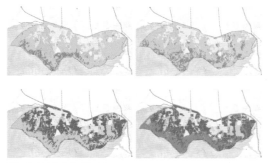

基于水土流失的绿地调整
Green Space Adjustment Based on Soil Erosion

（3）综合绿道体系构建

将基于现状用地选出的工作通勤绿道、基于历史文化用地选出的历史文化游憩绿道以及基于公园服务半径选出的休闲娱乐绿道进行叠加修正，得出综合绿道体系选线图。

利用公园 500m 服务半径与现状居住用地进行叠加覆盖检查。将覆盖区域保留公园绿地，空白区域与选择的潜力地块相叠加为新增公园绿地。最后，安全格局下的必要绿地与新增的公园绿地和绿道进行叠加，确定规划区域绿色空间范围。

综合绿道体系
Integrated Greenway System

（4）基于公园未覆盖范围用地调整

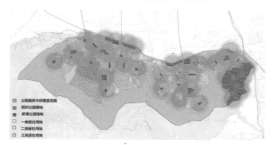

绿色空间范围
Green Space Range

（5）备建用地范围生成

将生物安全格局和地质安全格局下的备建用地相叠加，选取二者交集后，再与20年一遇场地内雨洪淹没区想叠加，得到备建设用地。

备建用地范围
Potential Block Range

（6）最终规划用地性质图

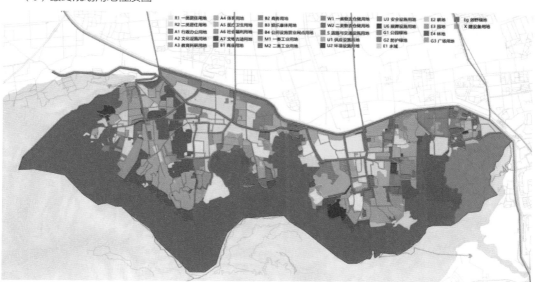

用地性质图
Land Use Map

1. 农业生产 + 农业观光

2. 村庄 + 科技研发

3. 果园生产 + 餐饮销售

山·城绿色生产模型
Production Model

产业类型规划
Industry Type Planning

发展高新产业，助力绿色产业发展，将屋顶和垂直绿化引入产业建筑群区

转型化——高新产业区
Transformation — High-tech Industrial Zone

提升果树园区，将创意代入其中，实现果蔬园的趣味营造

创意化——果蔬园区
Creative — Fruit And Vegetable Park

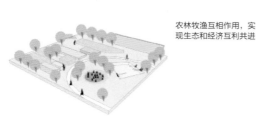

农林牧渔互相作用，实现生态和经济互利共进

集约化——农业园区
Intensive — Agricultural Park

产业分类策略
Industry Classification Strategy

2. 设计策略

（1）构建生产模型

整合场地原有产业，与城市绿色空间结合形成网络，将现有的低端产业升级，使农业生产与农业观光结合，果园生产与农贸物流结合，形成良好的产业链。另外，增加度假产业、高新产业、文化产业，调整整体产业水平，由原来的第一、二产业转向第三产业，着重发展绿色产业，倡导低碳环保型产业。

园艺疗养区
Horticultural Sanatorium

康养度假区
Health Resort

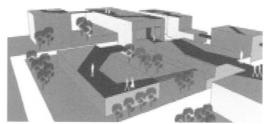

高新产业区
High-tech Industrial Zone

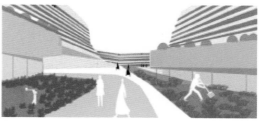

蔬果农业区
Vegetable And Fruit Farm

1. 保育现状栖息地
2. 修复城市区点状栖息地
3. 建立生态廊道

山·城乡村生态模型
Ecological Model

（2）构建生态模型

　　基于场地现状 GIS 分析出的生态安全格局和相关要素的分析叠加，得到场地的生态网络。针对生态网络的现状，提出山·城浅山生态模型，希望通过灌溉水渠改造、增设方便野生动物穿行的涵洞、引水渠改造、减少城市建成区的干扰等策略对此地区的生态环境起到良好的修复保护作用。

自然群落
生物栖息地　水源保护林
生态涵养林　绿色街道
生态屏障　生态廊道

生态网络规划
Ecological Network Planning

灌溉水渠改造
Irrigation Canal Reconstruction

增设涵洞
Add Culvert

减少城市干扰
Reduce Urban Interference

生态群落地　植被保护区
农田植被区　植被修复区
花果树植被区　核心区绿道种植
乡土观赏植被区　乡土植物绿道
植物移栽区　河流植被廊道

植物景观规划
Plant Landscape Planning

专项规划
Special Planning

设计策略
Strategy Analysis

引水渠改造
Diversion Canal Reconstruction

生态屏障
Ecological Barrier

雨水净化及资源化利用
Rainwater Purification and Resource Utilization

生物栖息地
Biological Habitat

生态专项策略
Ecological Special Strategy

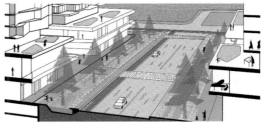
绿色街道
Green Street

山·城郊野游憩模型
Recreation Model

（3）构建游憩模型

山·城郊野游憩模型对慢行系统和游线进行了规划，形成了慢行系统网络和田园游览、滨水体验、山脊观光和运动健身组成的游线网络。为了构建山·城郊野游憩模型，提出了构建游憩廊道和慢行系统、场地利用最优化、植物优化配植、基础设施优化升级 4 个设计策略。

慢行系统规划
Chronic System Planning

专项规划
Special Planning

郊野游憩模型游线规划
The Travel Line Planning of Recreation Model

田园游览线
Pastoral Sight-seeing Routes

滨水体验线
Waterfront Experience Routes

山脊观光线
Mountain Ridge Sight-seeing Routes

游线分类策略
Sight-seeing Routes Classification Strategy

运动健身线
Excercising Routes

构建游憩廊道与慢行系统
Corridors and Walking System

场地利用最优化
Site Utilization Optimization

植物优化配植
Optimum Allocation of Plants

基础设施优化升级
Infrastructure Upgrading

设计策略
Strategy Analysis

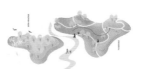

山·城乡村生活模型
Living Model

社区类型规划
Community Type Planning

公共空间规划
Public Space Planning

专项规划
Special Planning

建立共享机制，引导公众参与
Establishing Sharing Mechanism and Guiding Public

构建文化型社区
Establishing Cultural Community

设计策略
Strategy Analysis

（4）构建生活模型

　　山·城乡村生活模型增加了社区公共活动空间、建设了社区健康步道系统，开展了社区花园园艺活动，对社区类型和公共空间进行了规划，划分了文化型社区、生态型社区、康养型社区三类社区发展模式。为了构建山·城乡村生活模型，提出了建立共享机制，引导公众参与和构建文化型社区 2 个设计策略。

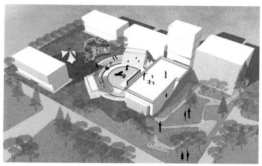

文化型社区
Cultural Communites

生态型社区
Ecotype Communities

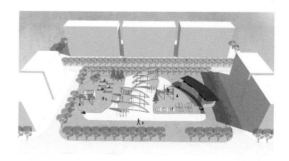

康养型社区
Healthy Communities

社区分类
Community Classification

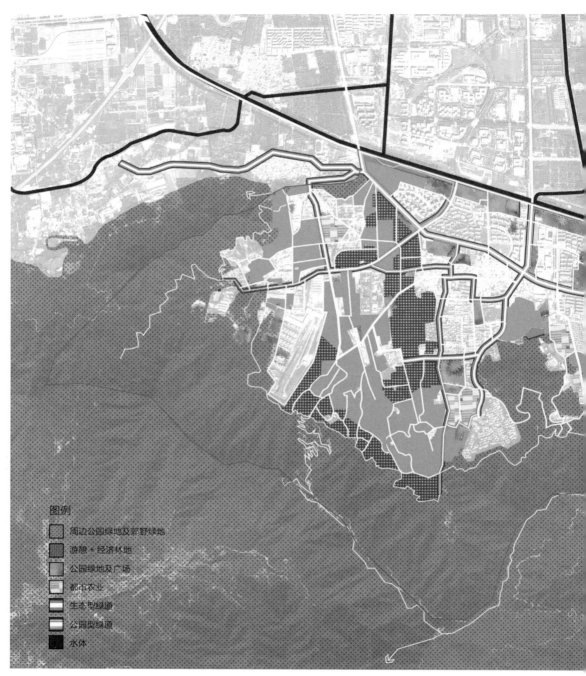

图例
周边公园绿地及郊野绿地
游憩 + 经济林地
公园绿地及广场
都市农业
生态型绿道
公园型绿道
水体

规划总平面
Master Plan

0   300   600   1500m

3. 设计场地选址——基于生态环境修复重建与城市发展

城市生态系统与自然生态系统有所区别，是人为影响较重的一环，在很大程度上反映了人与自然的关系，其与自然之间的关系决定了人与自然之间的关系是否和谐。在当前生态文明建设的大背景之下，如何合理搭建城市与自然之间的良性纽带成为行业内新的问题。基于这一背景以及小西山地区研究课题的开展，希望以生态发展的视角进行切入，就小西山未来的生态发展以及城市建设进行畅想，以求构建良性有机的合理发展格局。

首先，基于前期研究，就研究区域内的几大安全格局成果进一步进行了整合分析，通过各项格局中敏感度较高区域的叠合寻找出场地内冲突最明显的区域。

其次，从城市的需求端出发，对城市生活中的环节以及要素进行界定，最终得出了四类可尝试构建的主题，分别为：生态、生产、生活、游憩。

最后，通过冲突明显地块与主题功能的匹配择取出四块区域作为未来绿地发展的示范，通过对其进行解答，以探求浅山地区未来城市发展的有机路径。

规划鸟瞰图以及详细设计选地
Airscape & Site

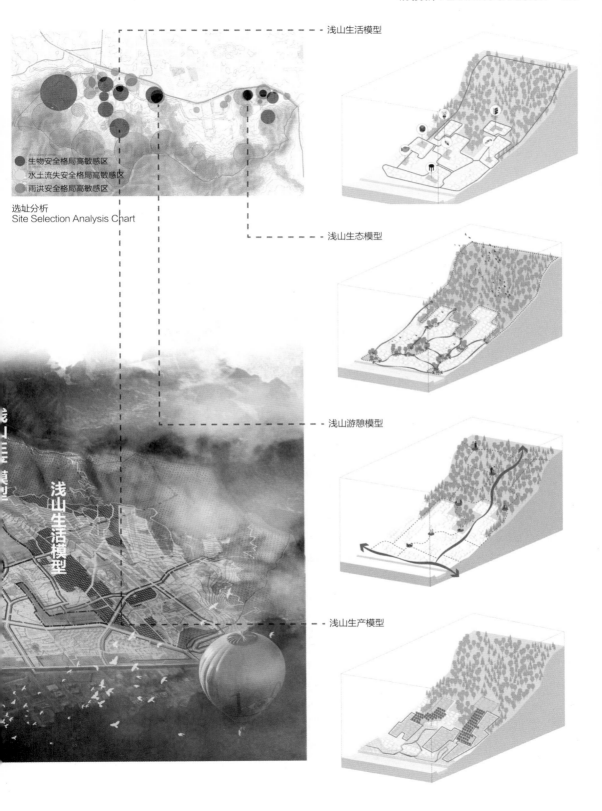

浅山生活模型

生物安全格局高敏感区
水土流失安全格局高敏感区
雨洪安全格局高敏感区

选址分析
Site Selection Analysis Chart

浅山生态模型

浅山游憩模型

浅山生活模型

浅山生产模型

（1）浅山生态模型场地设计

浅山生态模型设计场地存在的主要问题是雨洪淹没现象频发、生物安全敏感性较高，拆迁后建筑垃圾堆积等。设计针对恢复场地自然本底、构建整体海绵绿地、保护场地多样性三方面提出改造策略。

例如将建筑垃圾作为堆筑地形、园林构筑的补充材料；构建整体海绵绿地对雨水径流进行源头消减、中途传输、末端调蓄；保护场地生物多样性，丰富场地内的生物栖息地。最终实现场地内生态自发性恢复，构建有机多样的绿色生态空间。

① 生态展示区主入口
② 西北入口
③ 坑塘生境展示区
④ 生态湖泊
⑤ 生境岛
⑥ 游观挑台
⑦ 雨水花坡
⑧ 生态护坡展示区
⑨ 草坡剧场
⑩ 生态科普馆
⑪ 废弃物利用展示广场
⑫ 南入口
⑬ 东南入口
⑭ 东入口
⑮ 农业生境展示区
⑯ 森林栈道

0 15 30   75m

塑造地形恢复地力

收束周边汇水

构建海绵绿地

形成自发性生态修复

完善生物栖息地

形成稳定的生态系统

生态示范区设计平面
Design Plan of Ecological Demonstration Zone

设计策略
Strategy

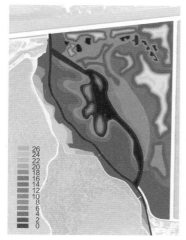

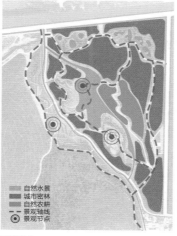

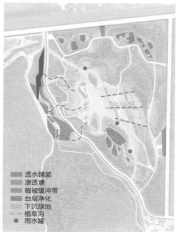

高程设计
Elevation Design

景观结构
Landscape Structure

LID 设施
LID Facility

生态湖泊效果
Perspective of Street Space Update

农业生境展示区效果
Perspective of Creative Market

鸟瞰
Aerial View

（2）绿色生产模型场地设计

绿色生产模型选择区域内已经有一定产业基础的白家疃景观休闲园及其周边用地。设计充分利用周边自然资源，依托樱桃种植林，结合农业生产、休闲观光，以生态为基底，因地制宜打造耕作式景观，构建复合型绿色空间。同时增加度假产业、文创产业，提升整体产业水平，向绿色产业发展。另外，景观构建方面，在尊重原有生态系统的基础上，利用生态桥、木栈道等低干扰设计构建合理游憩体系，使人与自然和谐共生。

① 廊架入口
② 花草广场
③ 林下休憩
④ 篮球场
⑤ 游客服务中心
⑥ 空中廊桥
⑦ 采摘一条街
⑧ 开心农场
⑨ 次入口
⑩ 田中花海
⑪ 特色民宿
⑫ 温室展示区

绿色生产模型地块平面
Site Plan of Green Production Model

景观结构
Landscape Structure

交通结构
Traffic Structure

功能分区
Functional Zones

产业转型化
Industrial Transformation

产业创意化
Industrial Creativity

产业集约化
Industrial Intensification

道路体系整合：慢行体系

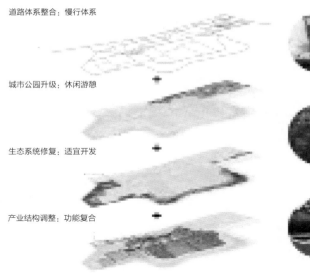

城市公园升级：休闲游憩

生态系统修复：适宜开发

产业结构调整：功能复合

设计策略
Design Strategy

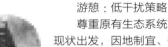

游憩：低干扰策略
　　尊重原有生态系统，从场地的现状出发，因地制宜、做到最小化的干预，利用生态桥、木栈道等低干扰设施构建合理游憩体系。

生态：可持续性策略
　　降低开发强度，保育现有植物生境系统，可持续的景观设计，以生态修复为主要连接方式，整治区域结构，连接绿色空间。

产业：集约复合型策略
　　调整现有产业结构，升级改造原有产业，增添必要的民宿等配套产业，打造一体化的生态观光农业产业系统。

自行车道效果
Perspective of Bicycle Lane

体验花园效果
Perspective of Experience the Garden

活力农场效果
Perspective of Vibrant Farm

健康廊桥效果
Perspective of Health Corridor

雨水花园效果
Perspective of Rain Garden

（3）生活模型场地设计

生活模型的设计落址基于前期场地分析，从城市边缘区生态型社区尺度、密度、边界三个角度结合组团式、生态化、宜步行、渐进式的城市边缘区建设模式，高效利用适宜开发土地，低影响开发生态保护区，以生态保护为基本出发点，激活闲置存量建筑，改善其道路规划，完善地块绿色基础设施，建设公众参与型具有归属感和活力的社区。本次设计主要为了探讨位于生态中度敏感区、洪水淹没区的居住区与公园的合理开发形式。地块周边现状主要以居住为主，且以棚户区居多，建筑质量较差。

① 水溪花谷
② 儿童广场
③ 森林浴场
④ 旱溪
⑤ 多元化特色社区
⑥ 旱喷广场
⑦ 屋顶绿化景观
⑧ 亲子活动拓展场
⑨ 灯光秀广场
⑩ 水幕咖啡厅
⑪ 下沉花园
⑫ 微地形景观
⑬ 阳光草坪
⑭ 静思空间
⑮ 新增安置房
⑯ 社区公园主入口
⑰ 树阵
-- Ⅰ区
-- Ⅱ区

生活模型设计平面图
Design Plan of Life Model

鸟瞰图
Aerial View

设计策略：西北侧雨洪淹没区，拆除现状西北角位于淹没范围的棚户底商及住宅，实施立体生态和雨洪管理系统的地形营造，通过挖填方的平衡技术，将其打造为下沉绿地与悬挑商业建筑结合的弹性景观空间，以此作为雨水过滤和净化带，城市与自然绿地之间的缓冲区，形成自然与城市之间的一层过滤膜和体验界面。同时，南侧新增安置房，将东侧原有林地进行保留提升，丰富林层群落结构，打造丰富森林体验微改空间。

东南低密度开发区，北侧拆除棚户建筑，新建新型社区，配套以运动休闲社区公园；保留中部特色村落肌理，对其进行疏解优化，采用透水铺装、绿色屋顶、下沉式绿地、植草沟、雨落管结合高位植坛等低影响开发设施，在调蓄场地内雨水的同时形成独特的私家花园，使之成为公共绿地的延伸；南侧打造生态中敏感区的低影响开发公园。

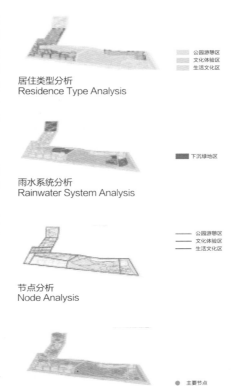

居住类型分析
Residence Type Analysis

雨水系统分析
Rainwater System Analysis

节点分析
Node Analysis

园路分析
Garden Road Analysis

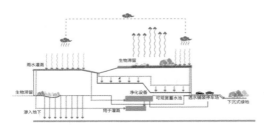

雨洪设计策略
Flood Design Strategy

下沉花园效果图
Perspective of Sunken Garden

水溪花谷效果图
Perspective of Water Stream Valley of Flowers

低密度社区效果图
Perspective of Low Density Community

雨水花园咖啡厅效果图
Perspective of Rain Garden Cafe

（4）郊野游憩模型场地设计

郊野游憩模型场地包含两部分，分别是与北部温泉公园扩建部分与南部建筑遗址改造部分，面积约为 18hm²。周边主要为居住区和办公区。地块西侧紧邻各大居住区，西北侧与温泉公园相接，中部存在建筑废弃地，东南侧承接黑龙潭山余脉，因而此地承担着由浅山至平原、居住至商务过渡的功能。地块交通组织混乱，东侧城市支路多为断头路，东西交通不便；大量建筑遗址可能成为唤起居民记忆的景观资源。结合上位规划，设计以游憩、记忆、便民为主题，新增城市道路通贯东西；利用建筑废墟打造遗址花园；结合浅山地势设计温泉民宿；部分与居民区交接的边界地块改造为社区活动场所，以打造一个处于山城过渡带中，能满足不同人群使用需求的游憩空间。

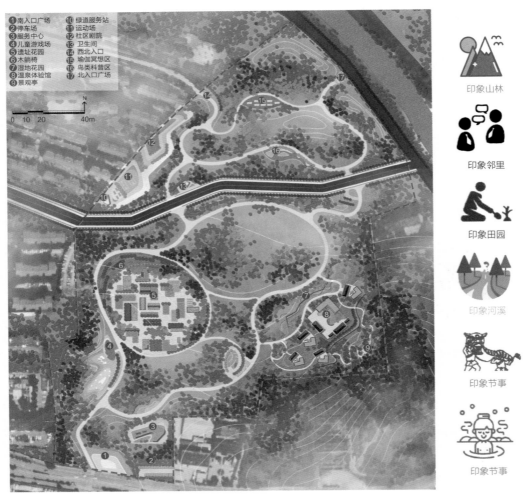

郊野游憩模型地块平面
Site Plan of Suburban Recreation Model

区位分析
Site Analysis

田园效果
Perspective of Farm

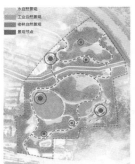

景观结构
Landscape Structure

交通结构
Traffic Structure

河溪效果
Perspective of River

功能分区
Functional Zones

植物分区
Planting Zones

温泉民宿效果
Perspective of Hot Spring Homestay

城市公园：休闲游憩
Urban Park:Leisure & Recreation

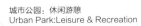

+

生态安全：绿色空间
Ecological Safety:Green Space

+

邻里社区：活力空间
Neighborhood Community: Active Space

+

传统文化：遗址花园
Tradition Culture: Ruins Garden

设计策略
Design Analysis

极限运动场效果
Perspective of Playing Field

以产业优化为导向的小西山北麓浅山地区绿色空间规划与重点地段设计

Green Space Planning and Key Location Design in the Hillside Area in the North Foot of Xiaoxi Mountain Oriented by Industrial Optimization

邹天娇、梁淑榆、李婧楠、李敏、林静静、尹一涵、钟姝、陈宇、路杭
Zou Tianjiao/Liang Shuyu/Li Jingnan/Li Min/Lin Jingjing/Yin Yihan/Zhong Shu/Chen Yu/Lu Hang

北京市浅山区是山区与平原的过渡地带，是城市、乡村、自然生境与人类活动的混合地带，承载着接受平原发展辐射和带动山区城镇化的双重职能。

本次规划设计所在的小西山片域，是北京西山自然生态系统向城市延伸的浅山区重要组成。由于受到小西山阻隔影响，发展相对滞后，同时面临着因不合理开发而导致的环境恶化问题。如何在城镇快速发展和自然生态保护之间找到平衡，促进地区的可持续稳健发展，是我们团队的重要课题。

经过实地调研和充分的前期分析后，发现产业是带动此地区潜力点，通过合理的产业结合景观规划，可以有效地解决保护与发展之间的矛盾，实现生态友好、经济富足和社会稳定，并期待为其他浅山地区提供借鉴。

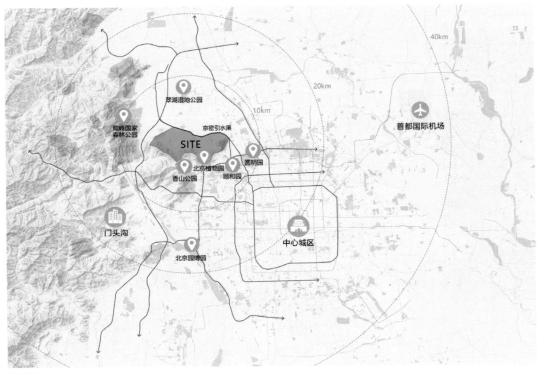

区位分析
Location Analysis

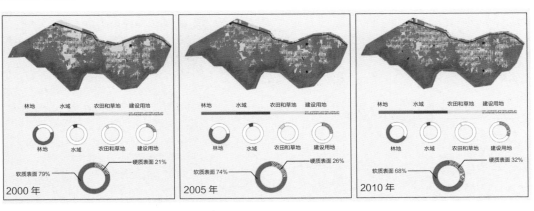

土地利用变化图（数据来源：遥感卫星图 ENVI 解译）
Land Use Change

规划场地位于北京西北郊浅山区，属于城市与山区的交界地带，不仅需要承担城市建设的需求，而且承担了城市周边生态廊道的重要作用。

2000—2010 年，规划场地因为快速城镇化建设，硬质地表占比不断增长，并向南侧区域延伸；林地农田等面积不断缩小，愈加呈现破碎化分布。总体而言，场地城镇化建设与生态保护之间的矛盾问题应当引起足够的关注。

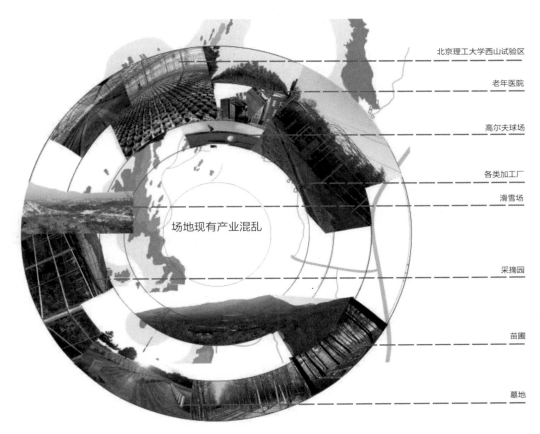

北京理工大学西山试验区

老年医院

高尔夫球场

各类加工厂

滑雪场

采摘园

苗圃

墓地

场地现有产业混乱

产业分析
Industry Analysis

第一步：划定生态涵养区　　第二步：优化产业　　　第三步：构建绿道体系　　第四步：整合绿色空间

城镇建设区
滨水绿地
生态涵养区

文创教育
休闲疗养
生态农事

城市生态廊道
乡村风景廊道
隧游观光廊道
山景游览廊道

气候条件
水文条件
地质条件

农事活动
文创教育
休闲疗养

山景游览绿道
乡村风景绿道
采摘观光绿道

农事体验
生态涵养
滨河绿廊

规划概念
Planning Concept

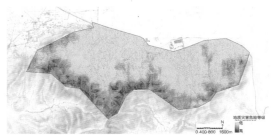

地质灾害危险等级
Geological Hazard Level

水文涵养分析
Hydrological Conservation Analysis

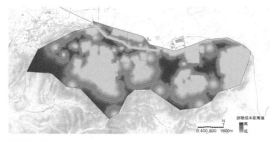

游憩适宜度分析
Recreational Suitability Analysis

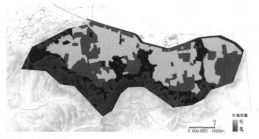

生境适宜度分布
Habitat Suitability Distribution

（1）地质灾害危险等级由历史地质灾害点、地质岩性、植被覆盖率、气候因子和地形因子综合分析得出。

（2）水文涵养区域由雨洪安全格局和水源保护涵养区叠加得到。

（3）利用最小累积阻力面模型，分析场地游憩成本距离（场地游憩适宜度）。

（4）运用 InVEST 模型中的生境质量评估版块，对生境质量量化评估。

由地质灾害、水文涵养、游憩和生境四项分析叠加，选取生态涵养需求高的区域，构建生态涵养区。

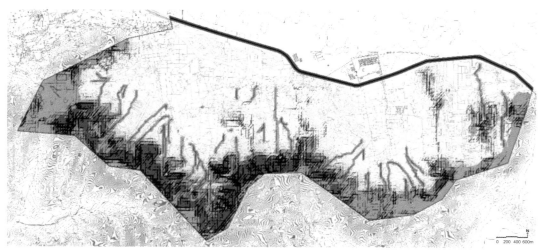

生态涵养区域
Ecological Conservation Area

旅游资源分布
Distribution of Tourism Resources

疗养资源分布
Distribution of Recuperation Resources

农业用地分布
Distribution of Agricultural Land

（1）西山地区自然、人文资源丰富，场地内旅游资源充沛。周边受众人群包括居民、高校师生、科技园员工等。

（2）疗养产业：地区有温泉，景色宜人，曾建立"天然疗养院"，现有医疗卫生设施、养老机构、运动健身俱乐部等。

（3）农事产业：场地内有良好的农业用地，农事产业曾经取得优秀的成绩。

以现有优势和潜力产业为基础，产业优化为导向，平衡浅山区自然生态保护和城市发展建设之间的矛盾。

规划结构
Planning Structure

规划方案立足于场地实际，以产业优化调整作为调和浅山生态保护和开发建设的关键点；以现状产业分布和潜力预测作为规划基础，产业的合理化落位是我们平面构成的主要依据。同时注意到交通规划对于产业发展的串联作用，生态规划对于产业发展的支持作用。通过以产业为主导的乡镇规划，达到经济富足、活力提升、文化传承和自然保护等规划目的。

规划总平面
Master Plan

1 温泉公园
2 革命先烈纪念园
3 北京老年医院
4 田园疗养
5 温泉苗圃
6 综合服务中心
7 社区公园
8 休闲公园
9 房车露营地

10 观光农业
11 生态农园
12 体验工坊
13 骑行体验公园
14 自然林地
15 樱桃采摘种植园
16 文化创意产业园
17 森林疗养
18 郊野休闲公园

19 街头公园
20 智慧农园
21 创意人才产业园
22 垂直农业示范
23 野生植物引种驯化基地
24 创意集市
25 乡土植物种植展示
26 特色民宿
27 青年公园

观光田
林地
苗圃地
水域
绿地

N

0 200 400   800m

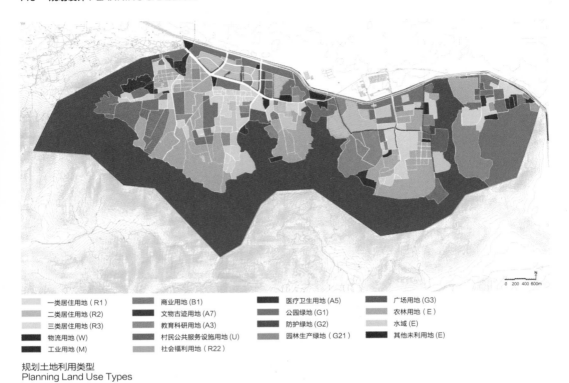

	一类居住用地（R1）		商业用地（B1）		医疗卫生用地（A5）		广场用地（G3）
	二类居住用地（R2）		文物古迹用地（A7）		公园绿地（G1）		农林用地（E）
	三类居住用地（R3）		教育科研用地（A3）		防护绿地（G2）		水域（E）
	物流用地（W）		村民公共服务设施用地（U）		园林生产绿地（G21）		其他未利用地（E）
	工业用地（M）		社会福利用地（R22）				

规划土地利用类型
Planning Land Use Types

　　规划区域总面积 3759.85hm²。规划后的土地利用类型分布主要依托于产业格局，综合考虑交通组织进行调整：整合原先零星散落的农业用地，便于统筹作物管理和发展规模化观光农业；整修现存疗养、文化相关建筑；在周围设计新景观，扩展产业活动的室外空间。

	农事产业
	疗养产业
	文创产业

产业平面落位
Industrial Plan

1. 产业专项

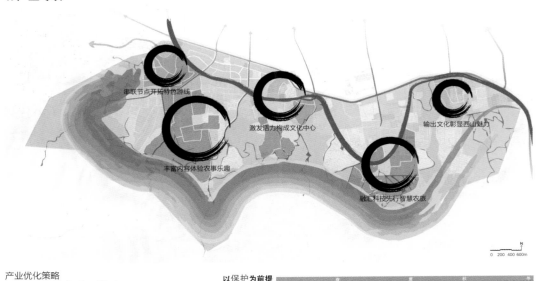

产业优化策略
Industry Optimization Strategy

产业优化原则
Industry Optimization Principle

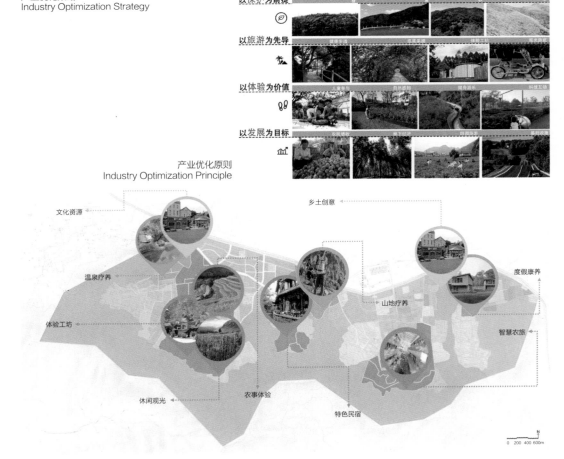

产业支撑框架
Industrial Support Framework

利用场地中良好的农业基底、优良的自然环境以及丰富的乡土资源，开展农事产业、疗养产业、文创产业三种产业类型。

农事产业规划了休闲体验型、创意参与型、智慧示范型三种具体的产业类型。休闲体验型涉及房车露营、绿道体验公园、观光农业以及体验工坊。创意参与型包含樱桃采摘、垂直农业以及服务中心。智慧示范型分别有创意人才、引种驯化及智慧农园。

疗养产业依托现状资源，开展田园疗养以及森林疗养。文创产业利用场地中丰富的乡土资源及文化资源，打造创意文化品牌。

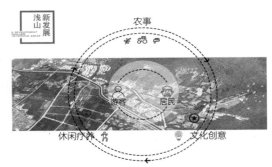

农事产业类型及策略
Types and Strategies of Farming Industry

休闲旅游
Leisure Travel

创意农事
Creative Farming

智慧文旅
Wisdom Travel

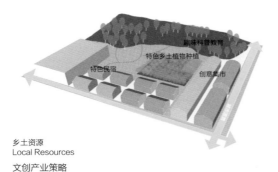

乡土资源
Local Resources

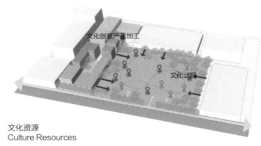

文化资源
Culture Resources

文创产业策略
Culture and Geative Industry Strategies

森林疗养
Forest Recuperation

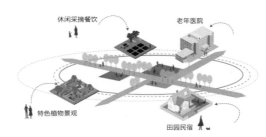

田园疗养
Idyllic Treatment

疗养产业策略
Strategies of Health Care Industry

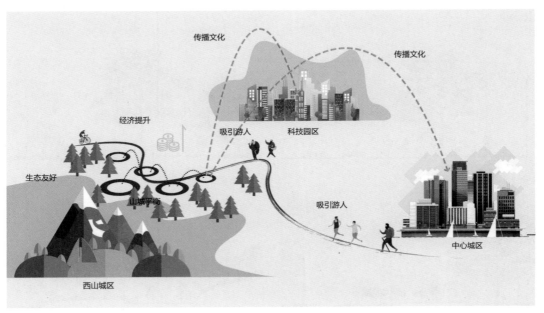

产业未来展望
Industry Outlook

2. 交通专项

　　结合场地的游憩分析以及交通评价，规划出慢行系统的四条特色线路：生活通勤线路、休闲娱乐线路、田园观光线路、山景游览线路。

生活通勤线路
休闲娱乐线路
田园观光线路
山景游览线路

0 200 400 600m

特色线路规划图
Featured Route Plan

生活通勤
Life Commute

休闲娱乐
Leisure and Entertainment

田园观光
Rural Sightseeing

山景游览
Mountain View Tour

生活通勤断面图
Life Commute Section

休闲娱乐断面图
Leisure and Entertainment Section

田园观光断面图
Rural Sightseeing Section

山景游览断面图
Mountain View Tour Section

3. 生态专项

现状山体有多处裸露地表，植被种类较为单一。人工修复四个阶段：（1）种植草本地被；（2）种植耐贫瘠灌木；（3）种植乡土先锋树种；（4）加入阔叶等植物。

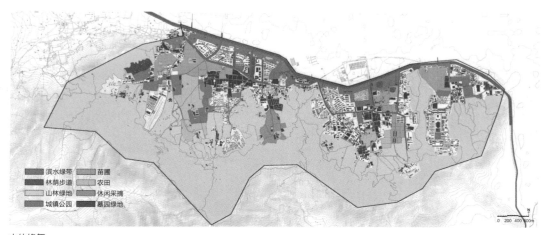

滨水绿带　苗圃
林萌步道　农田
山林绿地　休闲采摘
城镇公园　墓园绿地

0　200　400　600m

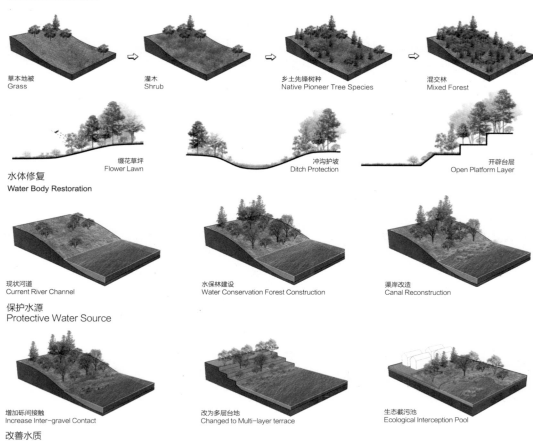

山体修复
Mountain Restoration

草本地被　　　　灌木　　　　　　乡土先锋树种　　　　　　　混交林
Grass　　　　　Shrub　　　　　Native Pioneer Tree Species　Mixed Forest

缀花草坪　　　　　　冲沟护坡　　　　　　　开辟台层
Flower Lawn　　　　Ditch Protection　　　Open Platform Layer

水体修复
Water Body Restoration

现状河道　　　　　　水保林建设　　　　　　　　　　　渠岸改造
Current River Channel　Water Conservation Forest Construction　Canal Reconstruction

保护水源
Protective Water Source

增加砾间接触　　　　　改为多层台地　　　　　　　　生态截污池
Increase Inter-gravel Contact　Changed to Multi-layer terrace　Ecological Interception Pool

改善水质
Improve Water Quality

对于以研究对象为例的广大浅山地带的村镇而言，只进行单纯的生态保育修复显然不够。为满足地区永续发展和绿色经济增收的要求，必须对浅山地区村镇进行土地优化利用规划，整合更新产业类型。针对研究区域丰富的旅游资源和生态优势，可以发展都市型现代农业，以"沟域经济"的发展模式带动浅山区的休闲旅游业（文化、疗养产业）发展，使之成为可持续发展的重要资源支撑和环境友好型的特色产业基地。

规划鸟瞰图
Planning Aerial View

4.休闲农业设计节点

休闲旅游型农事产业集中于旅游观光、儿童自然教育体验、农事耕作、儿童农场、体验工坊等创新型的收费性体验活动，依托现有的农田村庄进行绿色产业升级优化。

场地现状为北方传统的村庄风貌，为浅山与平原的过渡部分，地形高差变化不大。场地存在一条主要的汇水沟和多条排水渠。场地现状存在的问题主要有：（1）不同性质的用地相互独立，缺少联系；（2）景观效果差；（3）缺少游憩活动空间，缺少活力。

设计方案通过建立"农、游、文、商"的产业布局，建立起四区、一环、多点的总体结构。四区分别为"农"：农事生产；"游"：农作体验、体验工坊；"文"：生态公园、农耕文化；"商"：综合服务、餐饮等商业。一环是指以园内观光车游览环线串联四区，每隔500m设一观光换乘站点，全长共3.5km。多点为按分区主题规划多个游憩、观光、农事体验的点，满足不同游憩需求。

功能分区
Functional Zones

游线规划
Transportation Planning

活动布局
Activity Distribution

田园商业区效果图
Perspective of Pastoral
Business District

农事体验效果图
Perspective of Farming
Experience Workshop

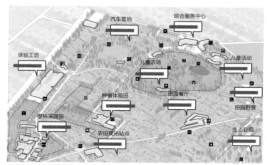

田园商业区节点设计
Node Design of Pastoral Business District

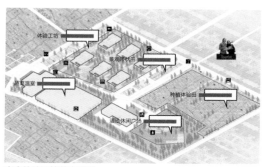

农事体验工坊节点设计
Node Design of Farming Experience Workshop Activity

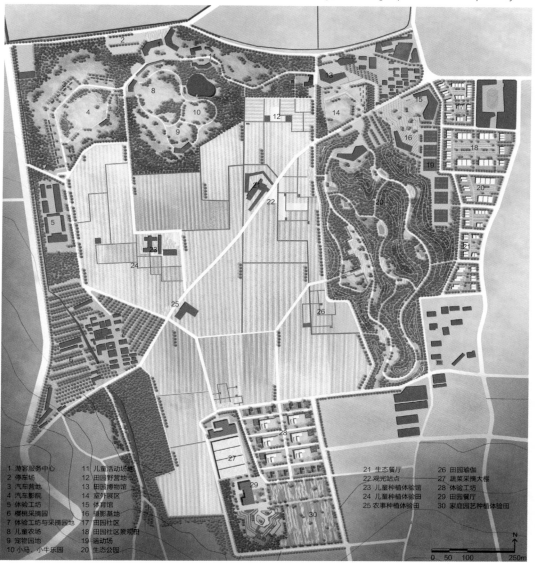

1 游客服务中心	11 儿童活动场地	21 生态餐厅	26 田园瑜伽
2 停车场	12 田园野营地	22 观光站点	27 蔬菜采摘大棚
3 汽车营地	13 田园博物馆	23 儿童种植体验馆	28 体验工坊
4 汽车影院	14 室外展区	24 儿童种植体验田	29 田园餐厅
5 体验工坊	15 体育馆	25 农事种植体验田	30 家庭园艺种植体验田
6 樱桃采摘园	16 摄影基地		
7 体验工坊与采摘园地	17 田园社区		
8 儿童农场	18 田园社区景观田		
9 宠物园地	19 运动场		
10 小马、小牛乐园	20 生态公园		

0 50 100 250m

总平面图
Site Plan

5. 智慧农业节点设计

　　该节点的定位是打造智慧和生态农业，促进乡村生态环境的良性循环。区内以生物研发科技为基础，以网络集成技术为连通手段，寓高校生产、科普推广、智能游览于一体，以其超前的组团模式引领地区未来发展新走向。

　　具体设计内容包括人才安置、作物生产与加工、销售与物流、科教与交流等活动的配套环境。通过把科技农业模式与传统农业模式对比，可以发现新型农业在生态保护、科技激活、社会民生、经济收入、娱乐休闲和弘扬地区文化品牌方面都有着明显的优势，可以为广大相似背景的乡镇提供发展思路。

1　西主出入口
2　人才公寓
3　科技农田示范
4　体验工坊
5　智慧认领
6　服务建筑
7　智慧展览馆
8　科技综合体
9　东主出入口
10　停车场
11　销售中心庭院
12　销售中心
13　示范农田
14　防护林
15　科技温室

N

0　20　50　　　　100m

总平面图
Site Plan

体验田效果图
Perspective of Experience Field

设计策略
Design Strategy

功能分区
Functional Zones

交通系统
Traffic System

立体农场效果图
Perspective of Vertical Farming

6. 文化公园节点设计

游线规划
Transportation Design

通过对西山文化的思考，得到两方面的内容：一方面是人文文化，以西山文苑艺术园区的形式集中体现，通过艺术展览、工艺品制作、民俗文化体验等方式宣传西山文化，吸引游客；另一方面是自然文化，通过公园游线规划得以充分展示。

公园主入口处的游客服务中心可为游人提供免费的西山自然文化讲解，通过宣传片的方式尽展西山风景，重温山水诗意，唤醒人对自然的情愫。随后游人将陆续经过"花朝"、"识影"、"探幽"、"裕春"、"野步"、"扶鸢"、"归园"七个区域的内容，其中包括：花坡观赏、植物认知、森林探险、亲水垂钓、餐饮聚会、草地风筝、园艺体验等多种活动，让游人充分体验到自然的乐趣与魅力。

1 主入口广场
2 游客服务中心
3 停车场
4 西山文苑
5 花朝赏红
6 水生花园
7 覆土建筑
8 剧场
9 扶鸢草坪
10 上巳水院
11 缤纷花海
12 探幽丛林
13 拾影园
14 种植体验

总平面图
Site Plan

功能分区
Functional Zones

交通系统
Traffic System

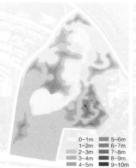

竖向设计
Vertical Design

视线分析
Line of Sight Analysis

水上乐园效果图
Perspective of Water Park

园艺体验效果图
Perspective of Gardening Experience

7. 疗养产业节点设计

设计地块位于规划场地西北角,规划定位为疗养产业。设计地块以现状道路为边界,选择老年医院、滑雪场、村庄之间的区域,可为医院各年龄段病人、外来游客、村庄居民提供疗养度假场所。红线范围包括农田、苗圃、厂房与较小面积的村庄,总面积约为 31hm²。

设计地块旨在对城市扩张影响下浅山地区原有农田苗圃用地的转型利用进行新的尝试,通过植物景观营造与农作物互动等方式,给人从视觉、听觉、嗅觉、触觉、味觉五种感官上带来不同体验,为不同年龄段的人群提供疗养身心、休闲度假的场所。因此,将整块地块分为了田园疗养、温泉疗养、湖林疗养与园艺疗养四大区域,对应五种感官,活动内容围绕康体健身、舒缓身心为目的进行展开。

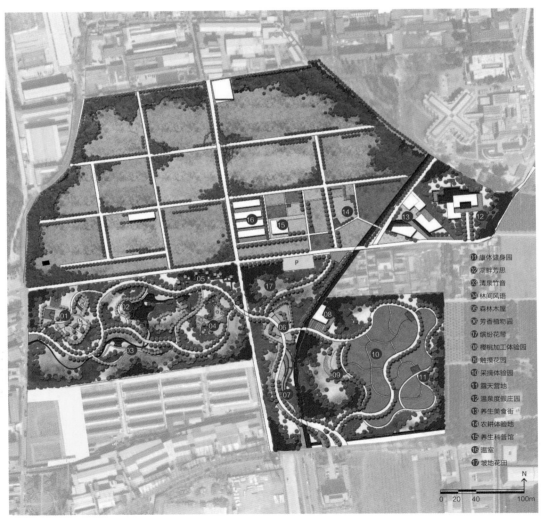

① 康休健身园
② 湖畔芳思
③ 清泉竹音
④ 林间风语
⑤ 森林木屋
⑥ 芳香植物园
⑦ 缤纷花带
⑧ 樱桃加工体验园
⑨ 触摸花园
⑩ 采摘体验园
⑪ 露天营地
⑫ 温泉度假庄园
⑬ 养生美食街
⑭ 农耕体验地
⑮ 养生科普馆
⑯ 温室
⑰ 坡地花田

0 20 40   100m

总平面图
Master Plan

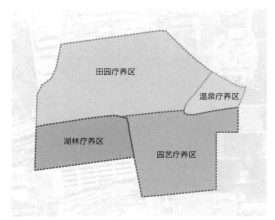

功能分区
Functional Zone

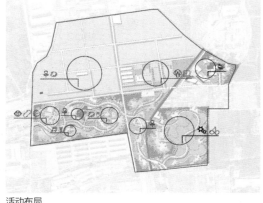

活动布局
Activity Distribution

交通系统
Traffic System

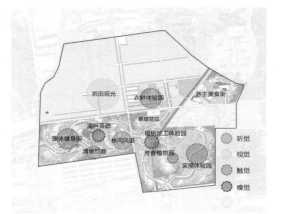

感官花园分布
Sensory Garden Distribution

滨水效果图
Perspective of Waterfront

浅山区公共游憩空间网络建构——
海淀区小西山北麓浅山地区规划与设计

Construction of Public Recreation Space Network Planning and Design for the Hillside Area in the North Foot of Xiaoxi Mountain in Haidian District

梁文馨、邢鲁豫、王资清、黄楚梨、孙雪榕、任佩佩、范蕾
Liang Wenxin/Xing Luyu/Wang Ziqing/Huang Chuli/Sun Xuerong/Ren Peipei/Fan Lei

本规划方案首先对浅山区公共游憩资源进行提取，并按照自然风景资源、文化遗址资源、游憩产业资源进行分类，并运用空间句法等分析方法结合上位规划得出"以自然风景为基础，以产业升级为目标的游憩空间网络"的规划主题，以期能发展并巩固自然风景优势，并兼顾游客和本地居民的产业升级。规划提出保障自然安全、完善绿色基础设施、优化游憩产业、创建文博空间四个规划策略并提出了与之对应的建构模式，通过对场地内各类自然安全区域的保护、城郊公园体系与风景绿道体系的绿色空间网络串联、保留整合乡村肌理与苗圃采摘产业，构建与休闲农业和人文游憩体系相结合的旅游休闲产业、完善文博教育空间并打造自然科教与文化科教体系，最终营造一个融合历史的浅山区公共游憩空间网络。

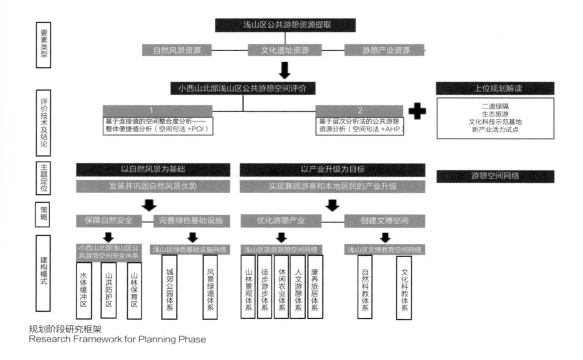

规划阶段研究框架
Research Framework for Planning Phase

1. 空间评价

（1）基于连接值的空间整合度分析——整体便捷值分析（空间句法+POI）

首先按旅游资源属性对小西山北部浅山区UPRS分类落位，共分为自然观光、人文观光、民俗体验和运动休闲。后对四类资源进行核密度分析，从分析结果中可以看出，浅山区公共游憩资源以自然风景资源为主，且主要沿山体密集分布。场地的文化遗址资源点状分布在白家疃镇和温泉村附近。场地游憩产业资源主要集中在村镇和山体之间的坡地，以采摘园和康体健身公园为主，也有滑雪场和运动公园点状分布在四周。

自然风景资源	百望山国家森林公园、三昭山、双石岭、三炷香、蘑菇帚、城子山、显龙山石壁、黑龙潭、天澄湖、冷泉
文化遗址资源	曹雪芹小道、黑山扈战斗纪念园、游击队之林、宝藏寺、佘太君庙、法国教堂、百年翠水池、怀素亭、水流云在之居、望京楼、揽枫亭、惠风桥、历代书法碑林、吟诗阁艺术墙、贤王祠堂
游憩产业资源	温泉公园、百旺公园、白家疃景观休闲园、狂飙运动乐园、休闲采摘园樱桃节

小西山北部浅山区公共游憩资源提取
Extraction of Public Recreational Resources in Hillside Areas

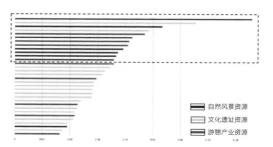

层次分析法(AHP)分析结果
Analytic Hierarchy Process (AHP) Analysis Results

自然风景资源核密度分析
Core Density Analysis of Natural Landscape Resources

文化遗址资源核密度分析
Core Density Analysis of Cultural Relics Resources

游憩产业资源核密度分析
Core Density Analysis of Recreation Resources

游憩空间评价
Evaluation of Recreational Space

现状整体便捷度分析
The Overall Convenience of the Current Situation

规划整体便捷度分析
Analysis of Overall Planning Convenience

整体便捷度与资源核密度叠加分析
Overlapping Analysis

（2）基于层次分析法的公共游憩资源分析（空间句法 +AHP）

小西山北部浅山区整体便捷度从山麓到山腰呈下降趋势，其中沿京密引水渠的温北路和北部支路整体便捷值较高，温泉路虽然道路等级较高，但在整体便捷值上稍低，村镇内道路整体便捷值次之，盘山路整体便捷值最低。

将游憩资源核密度与空间整体便捷值叠加，呈现出四种分布特征：资源权重高—整体便捷值高，资源权重高—整体便捷值低，资源权重低—整体便捷值高，资源权重低—整体便捷值低。且游憩资源点分布集中区域整体便捷值较低。

基于 AHP 现状公共游憩资源叠加核密度分析
Analysis of Overlay Core Density of Public Recreation Resources
Based on AHP Status

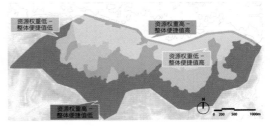

基于 AHP 现状公共游憩资源叠加核密度结论
The Conclusion of Overlapping Core Density of Public Recreation
Resources Based on AHP Status

2. 主题定位及规划策略

通过前期分析及评价结果，本次规划设计的主题定位为：构建以自然风景为基础、以产业升级为目标的游憩空间网络，即发展巩固自然风景优势并实现兼顾游客与本地居民的产业升级。后从主题定位出发，提出四个规划策略：保障自然安全、完善绿色基础设施、优化游憩产业、创建文博空间。

保障自然安全
Guarantee Natural Safety

优化游憩产业
Optimizing Recreation Industry

完善绿色基础设施
Improving Green Infrastructure

规划策略
Planning Strategies

创建文博空间
Creating Cultural and Educational Space

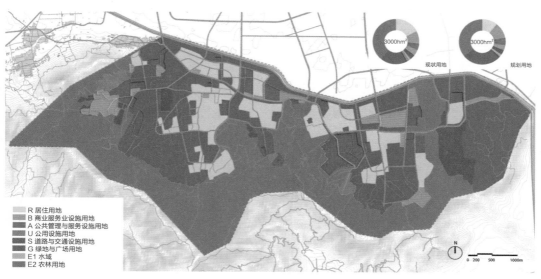

R 居住用地
B 商业服务业设施用地
A 公共管理与服务设施用地
U 公用设施用地
S 道路与交通设施用地
G 绿地与广场用地
E1 水域
E2 农林用地

用地规划
Land Use Planning

根据小西山北部浅山区公共游憩空间评价结论，在分析总结现状用地的基础上，对小西山北部浅山区用地进行重新规划，整合城市用地组团，作为升级产业以及完善绿色空间网络系统的基础。规划首先完善道路系统，在现状道路的基础上进行连通整合。保留现状良好的居住用地、公共管理与公共服务用地，对大部分风貌较差的商业服务业设施用地和三类居住用地进行腾退，并规划增添多种文化博览类公共管理与公共服务用地以及多种商业服务业设施用地，以实现小西山北部浅山区产业升级。

将现状公共游憩分析与空间整体便捷值分析叠加，呈现出四种分布特征：资源权重高—整体便捷值高，资源权重高—整体便捷值低，资源权重低—整体便捷值高，资源权重低—整体便捷值低。根据结果叠加产业功能类型，形成基于资源权重和便捷值的产业规划升级。

道路与交通设施用地
Land for Roads and Traffic Facilities

居住用地
Residential Land

商业服务设施用地
Land for Commercial Service Facilities

用地调整
Land Adjustment

绿地与广场用地
Green Space and Square Land

资源分析与便捷值分析叠加
Resource Analysis and Convenience Value Analysis Stack

产业优化
Industrial Optimization

资源权重及整体便捷值分布特征
Distribution Characteristics of Resource Weight and Overall Convenience Value

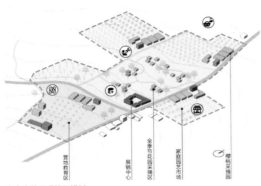

大众旅游区现状及规划
Current Situation and Planning of Mass Tourism Area

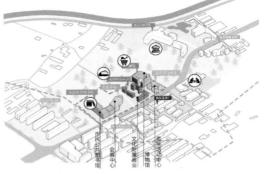

文化博览区现状及规划
Current Situation and Planning of Cultural Expo Area

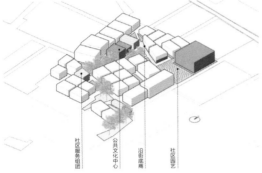

居民活动休闲区现状及规划
Current Situation and Planning of Residents' Leisure Area

分区产业优化
Zoning Industry Planning

高端游憩康养区现状及规划
Current Situation and Planning of High-end Recreation Area

大众旅游区建设以植物特色为主的展销中心，推广家庭园艺。利用高端游憩康养区优质的游憩资源规划森林康养区、森林度假区、生态旅游区。整合场地现有文化资源，增设博物馆、会展中心等文体会展建筑。创造丰富的文博活动空间，增加绿色公共空间，结合京西古道还原邻里文化。

3. 绿色空间网络构建

将场地内的绿色空间类型分为六类绿地：生产绿地、广场用地、公园绿地、防护绿地、风景林地、风景游憩绿地。四个景观带：农业景观带、城市景观带、山林景观带、滨水景观带。依靠场地自北向南河—城—山的自然格局构建东西向三条主要绿廊：三条景观绿廊各有特点且相互联系，形成绿地系统的骨架。

在三条主要廊道的基础上，规划中部次级绿道，连接各个村镇组团、城市公园以及采摘园为主的生产绿地片区。另外，在现有排洪沟的基础上规划防洪生态廊道，保障提升公共游憩空间的生态安全。以场地内现有的公园为基础，在绿廊的控制下，结合各绿地组团，调整和增加新的公园，使得绿色网络更加完善，保障绿色网络内公园体系的完整。

通过构建绿色空间网络，形成绿地结构：两面、三带、三核、多廊道。

两面：自然山林面，作为场地的绿色背景，延续浅山区自然风貌。山林与城市的过渡区域规划为都市农林面，保留苗圃采摘产业的同时衔接山林与城市。

三带：滨河绿廊，形成轻松休闲的滨河景观带；京西古道文化绿廊，串联村庄、文化遗址等遗留文化要素，集成为完整的历史叙事环境；山林绿廊，利用地形变化塑造丰富的山林景观带。

三核：城市建设片区的三个城市公园核。

多廊道：构建多条绿色廊道，在三条主要廊道的基础上，规划中部次级绿道，连接各个村镇组团、城市公园和以采摘园为主的生产绿地片区，在现有排洪沟的基础上规划防洪生态廊道，保障提升公共游憩空间的生态安全。多廊道串联两面与三带。

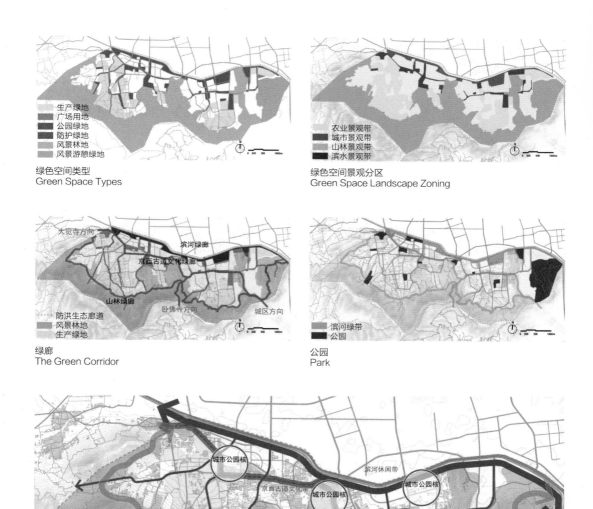

绿色空间类型
Green Space Types

绿色空间景观分区
Green Space Landscape Zoning

绿廊
The Green Corridor

公园
Park

绿色空间网络构建
Construction of Green Space Network

4. 规划解读

　　保障自然安全：通过对场地内水体缓冲区、山洪防护区、山林保育区等自然安全区域的考虑，以山林为基础，保障自然安全。完善绿色基础设施：通过城郊公园体系、风景绿道体系打造绿色空间网络。

　　优化游憩产业：保留整合乡村肌理、苗圃和采摘特色产业等，构建服务于本地的便民商圈和服务于游客的旅游休闲产业。

规划总平面
Master Plan

创建文博空间：在现状学校和科研场所的基础上增添并完善文博教育空间，打造自然科教体系、文化科教体系。

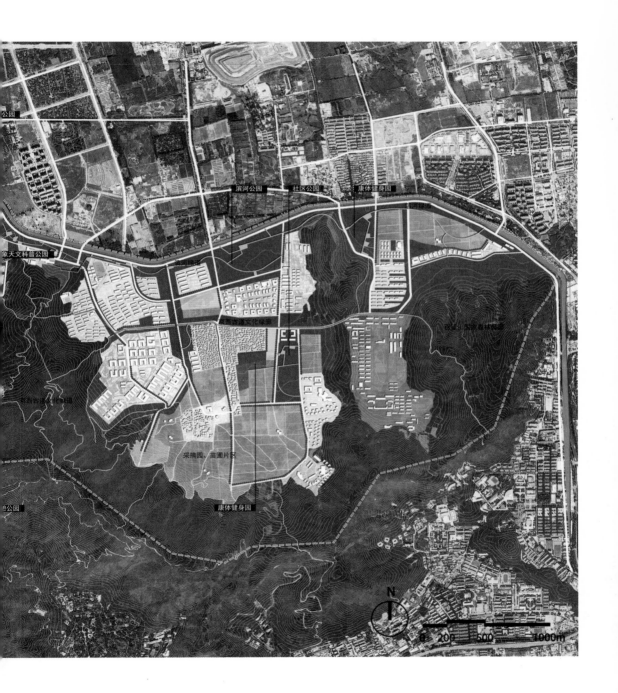

5. 文化休闲公园

　　将现状公共游憩分析与空间整体便捷值分析叠加，呈现出四种分布特征：资源权重高—整体便捷值高，资源权重高—整体便捷值低，资源权重低—整体便捷值高，资源权重低—整体便捷值低。

　　在文化博览区中选择靠近主干道且靠近京西古道文化绿廊的区域作为节点。所选区域现状大部分为荒地，具有提升空间。场地周边有多所小学、幼儿园，同时靠近当地天文台，文化科研氛围浓厚。

文化休闲公园节点现状及选址
Status and Location of Cultural Leisure Park Nodes

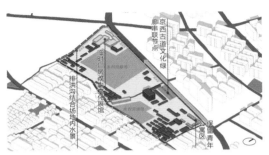

文化休闲公园节点改造
Node Transformation of Cultural Leisure Park

文化休闲公园节点位置选择
Location Selection of Cultural Leisure Park Nodes

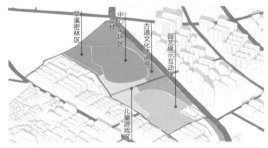

文化休闲公园节点分区
Node Partition of Cultural Leisure Park

儿童园艺区效果图
Perspective of Children's Gardening Area

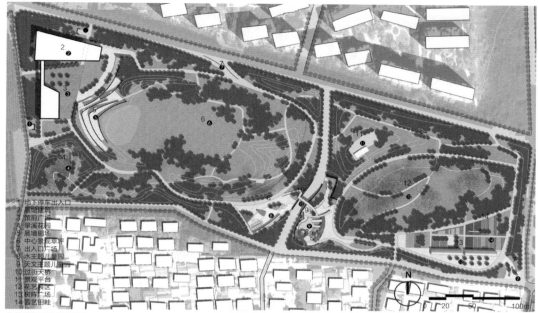

1 地下停车出入口
2 展馆建筑
3 馆前广场
4 旱溪花园
5 展墙剧场
6 中心景观草坪
7 出入口广场
8 水主题儿童园
9 天文主题儿童园
10 过街天桥
11 景观平台
12 花艺展区
13 树阵广场
14 园艺田畦

文化休闲公园平面图
Site Plan of Cultural Leisure Park

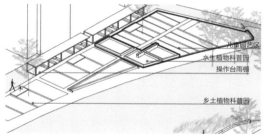

儿童园艺区功能布置
Functional Zones of Children's Gardening Area

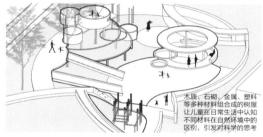

树屋功能布置
Functional Zones of Tree House

树屋效果图
Perspective of Tree House

6. 社区公园

在居民活动、休闲区内选择现状道路系统较为完善且与现状社区较为契合的区域作为节点，同时整合现有绿地，改善配套设施，进行社区花园的节点设计。现状居住组团拥挤，缺少便民服务设施。绿色公共活动空间稀少，且分布散乱。其他商业服务业设施建筑穿插居住区中，破坏组团空间。

节点设计旨在构筑邻里空间，增加便民服务设施。整合绿色公共活动空间，增加康体花园、健身场地。整合商业服务业设施，创造冷泉村新的活力中心。

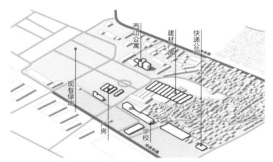

社区公园节点现状及选址
Status and Location of Community Park Nodes

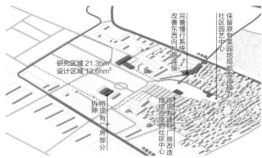

社区公园节点改造
Node Transformation of Community Park

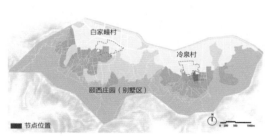

社区公园节点位置选择
Location Selection of Community Park Nodes

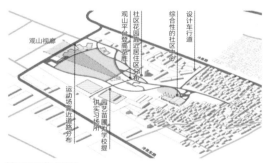

社区公园节点设计
Detailed Design of Community Park

观山平台效果图
Perspective of Viewing Platform

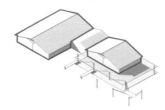

新建屋顶，改造立面
Building New Roof & Reconstruct Facade

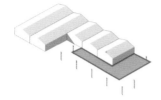

保留的结构改造为廊架或是构筑
Transform the Retaining Structure Into
Gallery or Frame

保留局部结构与地面
Retain Local Structure and Ground

将现有建材厂房局部拆除
Partial Demolition of Existing Buildings

社区综合活动中心改造策略
Transformation Strategies of
Community Activity Center

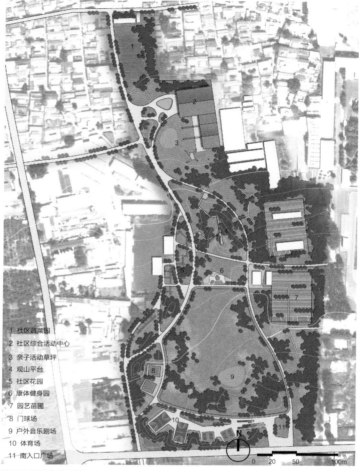

1 社区蔬菜园
2 社区综合活动中心
3 亲子活动草坪
4 观山平台
5 社区花园
6 康体健身园
7 园艺苗圃
8 门球场
9 户外音乐剧场
10 体育场
11 南入口广场

社区公园节点平面图
Site Plan of Community Park

社区综合活动中心效果图
Rendering of Community Activity Center

7. 浅山游憩公园

在大众旅游、游憩区内选择周边资源整合度不高且现状开发程度低、改造潜力大的区域作为节点，整合周边游憩资源，改善配套设施，形成大众旅游游憩圈，带动周边发展。现状游憩资源基底夯实，质量有待提高，缺少服务配套空间。

浅山区大众旅游公园为游客提供餐饮、旅游等服务，同时为附近居民提供良好的休闲活动空间。节点设计保留浅山区植被设置森林探索区，设置园艺科普、活力休闲、康养休憩等功能区。

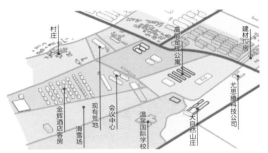

浅山游憩公园节点现状
Status of Shallow Mountain Recreation Park Nodes

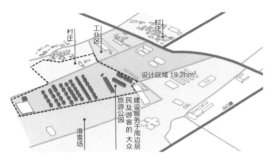

浅山游憩公园节点现状改造
Node Transformation of Shallow Mountain Recreation Park

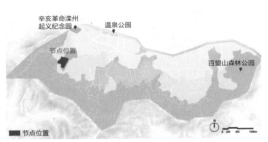

浅山游憩公园节点位置选择
Location Selection of Shallow Mountain Recreation Park Nodes

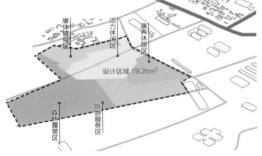

浅山游憩公园节点分区
Node Partition of Shallow Mountain Recreation Park

入口花带效果图
Perspective of Entrance Flower Belt

1 公园入口
2 停车场
3 游憩服务建筑群
4 儿童活动场
5 阳光草坡
6 游憩沙坑
7 公共厕所
8 门球场
9 水池
10 五彩花带
11 亲子园艺广场
12 篮球、羽毛球场
13 乒乓球场
14 采摘园
15 休憩广场
16 露营补给站
17 露营草坪帐篷
18 露营广场

浅山游憩公园节点平面图
Site Plan of Shallow Mountain Recreation Park

田园采摘效果图
Perspective of Pastoral Picking

8. 森林游养公园

区域内通过相应技术路线，选取适宜进行高端旅游及康养产业建设的落点。其中选择场地的主要标准为：风景资源丰富；植被资源类型丰富；区域内交通相对便捷；基础设施相对完善；人流量相对密集等。现状场地植被资源丰富，含有优质观赏林。

车行路贯穿场地，可达性相对较高。基础设施完善，其中包括西山书院度假山庄等。

节点设计利用丰富的游憩资源，通过设置森林游憩路线，打造不同的森林游憩疗养项目，丰富周边产业类型，带动周围经济活动。

森林游养公园节点现状及选址
Status and Location of Forest Recreation Park Nodes

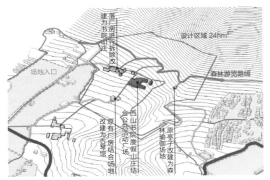

森林游养公园节点改造
Node Transformation of Forest Recreation Park

森林游养公园节点位置选择
Location Selection of Forest Recreation Park Nodes

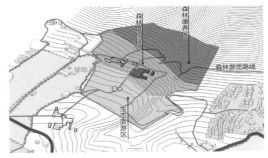

森林游养公园节点分区
Node Partition of Forest Recreation Park

森林树屋效果图
Perspective of Forest Tree House

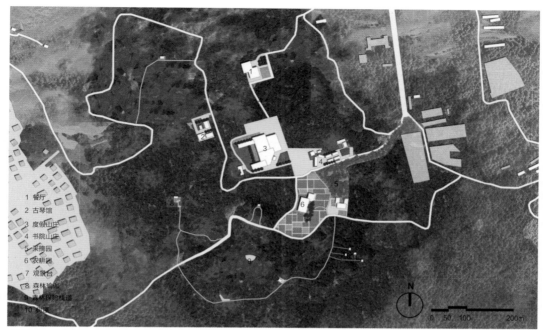

1 餐厅
2 古琴馆
3 度假山庄
4 书院山庄
5 采摘园
6 农耕园
7 观景台
8 森林瑜伽
9 森林探险栈道
10 树屋

森林游养公园节点平面图
Site Plan of Forest Recreation Park

森林瑜伽效果图
Perspective of Forest Yoga

森林游养公园鸟瞰图
Aerial View of Forest Recreation Park

过滤池

水环境绿色空间规划——
北京海淀小西山北麓浅山地区绿色空间
规划与节点设计

Green Space Planning for Water Environment
Green Space Planning and Design for the Hillside Area
in the North Foot of Xiaoxi Mountain in Haidian District,
Beijing

师晓洁、吕婉玥、金京豫、聂蕾、张宜佳、林晗芷、秦琴、徐向希
Shi Xiaojie/Lv Wanyue/Jin Jingyu/Nie Lei/Zhang Yijia/Lin Hanzhi/Qin Qin/Xu Xiangxi

本次规划地块位于二道绿隔郊野公园西南段一条楔形绿色廊道范围内，北连郊野公园环绿道，南接城市公园环绿道。场地北侧边界为京密引水渠，是城市蓝网系统的重要组成部分。由于该地块地下水出现超采的趋势，且位于短时强降水高发地区，存在山洪和泥石流等灾害潜在危险。另外，场地所在的区域承担着水环境保护、地下水源地涵养和生态恢复的任务，是上位规划中蓝绿网络建设的重要一环，因此本次规划专题为水环境建设。规划层面对水系网络、地理区位和上位规划进行解读，规划目标设定为提高浅山区水环境安全性、提高浅山区水环境安全性和调蓄浅山区景观水系，构建水环境绿色空间评价体系，通过水环境安全保护分析、水环境生态涵养分析和水环境人工调蓄分析三个方面确定规划范围。规划结构为通过京密引水渠绿色廊道，连接区域水网。建成区内多个雨水调蓄、雨洪管理点，人工调蓄场地景观用水。在城镇与山体之间构建以观赏和体验为主的山城过渡带，同时也是主要的滞洪、蓄洪的区域。山体坡度较陡，优先进行生态保护。在现状水利设施的基础上结合雨洪分析设计南北向的排洪廊道，使灰色水利设施转变为弹性的多功能绿色空间，串连起山、城、水的网络连接。规划策略分为水环境安全保护策略、植物涵养地下水策略和雨水街坊景观化策略，从而形成和谐的山水人居构建方式。

1. 技术路线

整体技术路线：首先，通过水系网络、地理区位以及上位规划的研究分析，确定设计场地水环境建设的必要性。其次，确定规划目标：提高浅山区水环境安全性、恢复浅山区自然水循环、调蓄浅山区景观水系。第三，构建设计场地水环境绿色空间评价体系，确定浅山区水环境绿色空间设计范围。浅山区水环境绿色空间评价体系为三个方面，三个方面是层层递进的关系。将场地内的现存绿地进行分类，并且根据现状道路明确绿地边界。第一步，

安全保护先行——水环境安全保护分析。将分析结果和现状绿地以及潜在绿地叠加，得到第一层次的安全保护空间。第二步，水环境生态涵养分析，将分析结果加上场地现存的排洪沟和冲沟得到第二层水环境生态涵养分析。第三步，水环境人工调蓄分析。将第三部分的计算结果和第二层次的绿地空间叠加，得到浅山区水环境绿色空间。最后，提出我们的规划结构以及规划构想。并且，对应浅山区水环境的三个规划目标，提出三大规划策略。

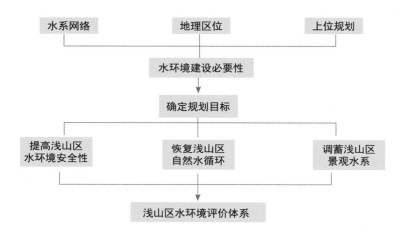

2. 浅山区水环境分析

（1）浅山区水环境规划目标

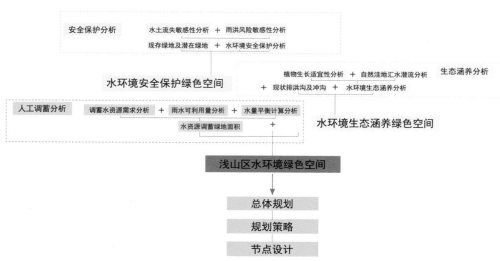

（2）浅山区水环境绿色空间评价体系

水安全，水循环，水生态
Water Safety, Water Cycle, Water Ecology

（3）水环境安全保护分析

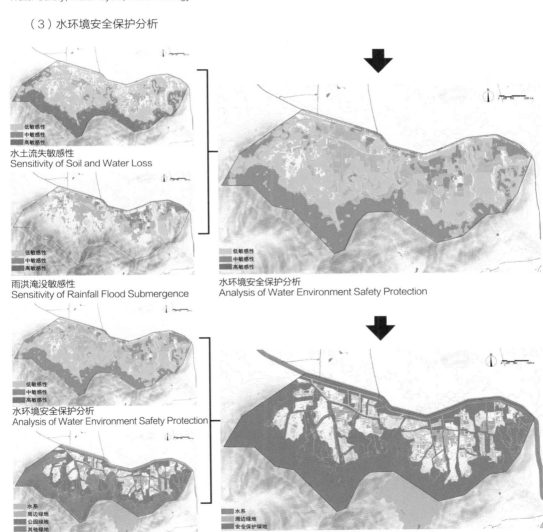

水土流失敏感性
Sensitivity of Soil and Water Loss

雨洪淹没敏感性
Sensitivity of Rainfall Flood Submergence

水环境安全保护分析
Analysis of Water Environment Safety Protection

水环境安全保护分析
Analysis of Water Environment Safety Protection

现状绿地分类
Current Status of Green Space Classification

水环境安全保护绿地范围
Green Space Scope for Water Environment Safety Protection

（4）水环境生态涵养分析

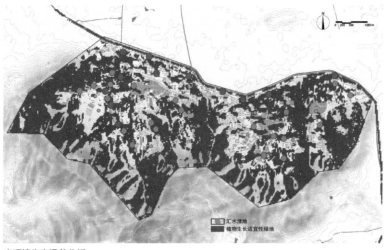

水环境生态涵养分析
Analysis of Ecological Conservation of Water Environment

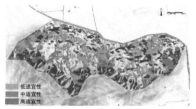

植物生长适宜性
Suitability of Plant Growth

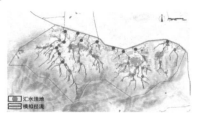

自然洼地汇水
Natural Depression Catchment

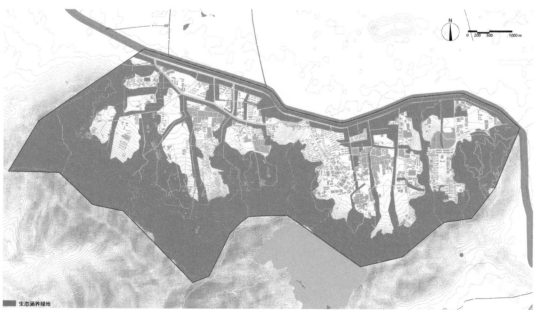

水环境生态涵养绿地范围
Green Space Scope for Ecological Conservation of Water Environment

（5）水环境安全保护分析

生态涵养绿地
生态涵养绿地
Ecological Conservation Green Space

生态涵养绿地
新增调蓄绿地
Added Green Space

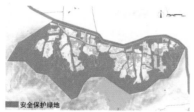

安全保护绿地
安全保护绿地
Safety and Protection of Green Space

1）确定研究区域内的年径流总量控制率

根据《海面城市建设技术指南》的要求，我国大陆地区大致分为五个区，并给出了各区年径流总量控制率 α 的最低限值和最高限值，北京地区在 Ⅲ 区（75% ≤ α ≤ 85%）。

2）确定调蓄溶剂和年径流控制总量

依据北京市 1981—2010 年降雨资料统计，分析出年径流总量控制率与对应的设计雨量。75% 年径流总量控制率对应的设计降雨量为 22.8mm。选取 22.8mm 为控制雨量。

3）雨水资源利用分析

将场地按照汇水分区，分为六个汇水分区。分别计算每个汇水分区的场地绿化用水量 V_1，现存绿地调蓄容积量 V_2，设计绿地蓄水量 V_3，计划最终达到目标为 $V_1=V_2+V_3$。

自然冲沟
人工明渠
人工暗渠
水利设施
Water Conservancy Facilities

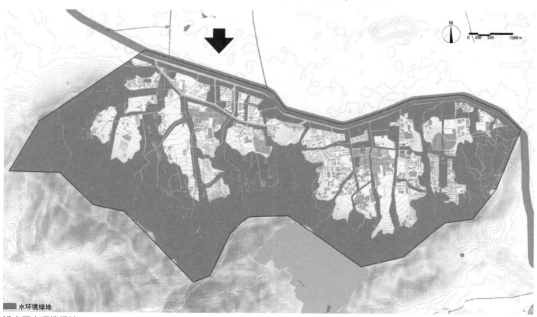

水环境绿地
浅山区水环境绿地
Green Space of Water Environment in the Hillside Areas

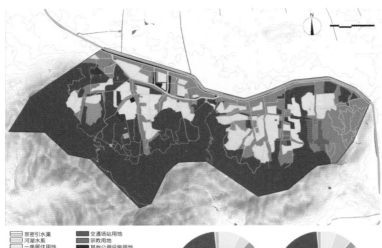

（6）总体规划

规划用地与现状用地相比：绿地的总面积基本不变，其中公园绿地面积增加、防护绿地面积增加、其他绿地面积减少。水域总面积基本不变。其他用地中，一类居住用地面积增加、商业用地面积增加；二类居住用地面积减少，二类工业用地面积减少。

规划用地图
Planning Land Use

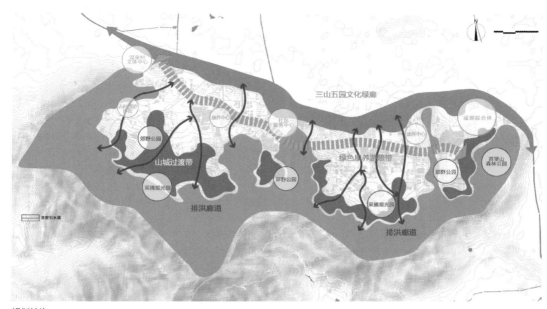

规划结构
Planning Structure

规划绿地分类
Classification of Planning Green Space

　　京密引水渠绿色廊道，连接区域水网。建成区内多个雨水调蓄、雨洪管理点，人工调蓄场地景观用水。在城镇与山体之间构建以观赏和体验为主的山城过渡带，同时也是主要的滞洪、蓄洪的区域。山体坡度较陡，优先进行生态保护。在现状水利设施的基础上结合雨洪分析设计南北向的排洪廊道，使灰色水利设施转变为弹性的多功能的绿色空间，串联起山、城、水，形成和谐的山水人居构建方式。

规划总平面
Master Plan

3. 规划策略

（1）水环境安全保护策略

构建不同安全等级的用地保护区域
Construct Land Protection Areas of Different Security Levels

规划行洪区、滞洪区和蓄洪区规划
Construct Flooding, Flood Storage and Flood Detention Areas

低安全等级绿地：保留自然林地、丰富植物群落，达到防洪、防水土流失的功能。

中安全等级绿地：可以保留农田、但要调整生产结构和经营开发方式。在遵从自然的前提下，满足社会、文化需求。

高安全等级绿地：允许建设，但应提高相应建筑标高和设施的防洪标准，限制严重污染的企业。

在行洪区不应该有建设项目，针对河道主要采取驳岸生态化、连通现有河道沟渠的措施。

行洪区：行洪区是指天然河道及其两侧河岸大堤之间，用以宣泄洪水的区域。

蓄洪区：蓄洪区是分洪去发挥调洪性能的一种，适用于暂时储存河段分泄的超额洪水。

滞洪区：滞洪区具有上吞下吐的能力，容量只能对河段分泄的洪水起到削减洪峰，短期滞水的作用。

驳岸生态化
Revetment Ecologicalization

增加铺装透水率
Increase Paving Water Permeability

营造下凹式绿地
Create a Recessed Green Space

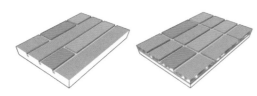

连通现有河道沟渠
Unicom Existing River Channel Ditch

营造绿地面积
Create Green Area

营造生态化路面
Create Ecological Pavement

滞洪区主要利用现有坑塘以及绿地，强调多功能使用：通过增加绿地、营造生态化路面通过自然过程回补水源。加强现有坑塘间的联系，对坑塘进行组团组合，增大水面面积。

充分利用潜在径流区域，将其改造成为具有蓄水能力的雨水利用与蓄积的场地。潜在径流主要改造措施包括：1）雨水种植沟；2）雨水种植池；3）雨水渗透园。

在潜在径流区域划定的基础上，分汇水区进行雨洪安全的控制，从而分散过大的汇水区域以减少径流压力，并有效降低径流速度，防止灾害发生。

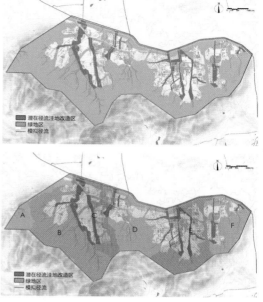

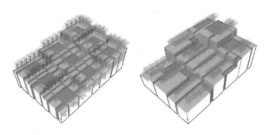

潜在径流改造示意图
Schematic Diagram of Potential Run off Reconstruction

分江水区改造潜在径流洼地
Diversion of Water Areas to Transform Potential Runoff Area

（2）植物涵养地下水策略

阔叶林的水源涵养功能优于针叶林，天然林优于人工林，水源涵养功能较好的林地多具有以下特点：天然起源、阔叶林或者混交林，植被总盖度大于 75%，林分郁闭度为 0.6~0.8，林层结构为复层林，林龄为中龄及以上，林木的生长状况良好，其林下灌木和草本的盖度较高，平均高度大。

山顶绿地：土层相对较薄，地面坡度较陡；雨水流速快，渗透和集蓄的可能性较小。

斜坡绿地：小于 25°，降雨时，雨水迅速汇集到低洼处，易形成内涝，初期径流的冲刷效应使坡度大于 25°，产流点分散、汇水线丰富，易形成水土流失等地质灾害。

平台式绿地：地势平坦，植被丰富，受坡度影响较小，渗蓄能力较强。

沟谷绿地：是降雨径流过程中的汇流地，与城市的河道相连，形成城市雨洪过程的调蓄阀。

林地分类
Forest Land Classification

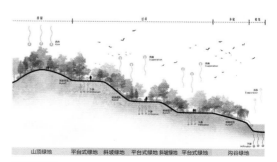

绿地剖面图
Green Section

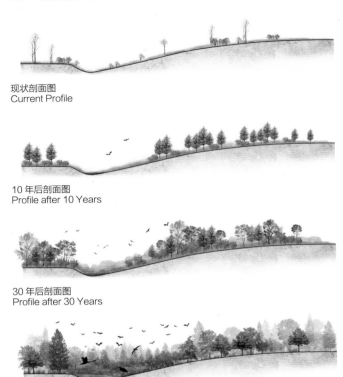

现状剖面图
Current Profile

10 年后剖面图
Profile after 10 Years

30 年后剖面图
Profile after 30 Years

50 年后剖面图
Profile after 50 Years

1）现状

区域植被覆盖度低，地被、灌木层组成缺失，林分结构不佳，雨季时水土流失严重，无法很好涵养水源。

2）10 年

改善森林的树种组成，分阶段补植一定水源涵养能力更佳的侧柏、油松、刺槐等。

3）30 年

森林郁闭度逐渐增大，林分年龄增大，林分层次结构逐渐复杂，群落乔灌草形成多层次结构，郁闭度增大，逐渐形成良好枯落层。

4）50 年

总体趋于稳定，植被总盖度大于75%，林分郁闭度为 0.6~0.8，林层结构为复层林，林龄为中龄及以上，林木的生长状况良好，其林下灌木和草本的盖度较高，平均高度大。

（3）雨水街坊的景观化策略

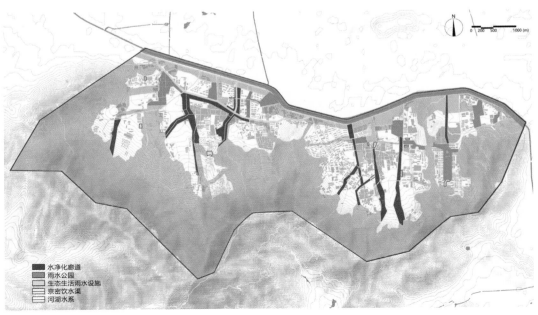

水净化廊道
雨水公园
生态生活雨水设施
京密饮水渠
河湖水系

雨水街坊的景观化平面图
Landscape Plan of Rainwater Street

STEP 1 水净化廊道

- 交通空间
创造富有活力，景观优美的生态交通空间廊道，丰富车行步行空间。

- 渗透作用
生态景观廊道增加绿地面积，选择合适的植物配置，降低雨水径流。

- 水净化
大量植物对水进行净化。

STEP 2 雨水公园

- 丰富景观体验
复合雨水公园的建设让低影响开发思路融贯整个场地，形成自然条件下的可视化雨水路径，趣味循环水景观展示以及超量雨水溢流组织展示。为居民提供了舒适的活动空间，增加人们的参与性与互动性。

- 生物栖息环境
生态雨水公园增加了区域生物多样性的同时创造了良好的绿色生活环境。

STEP 3 生产生活蓄水

- 水资源利用
雨水收集系统减少水资源的浪费，增加水资源的循环利用。

- 灌溉用水
雨水收集系统可以收集雨水，减少农业用地灌溉用水。

雨水街坊处理水系统
Rainwater Treatment System

水净化廊道
Water Purification Corridor

"雨水街坊"的营造目标是集生态景观、创新技术、雨洪管理、悦享休憩于一体，使场地极具张力的发挥自然"弹性"，形成优异的生态水系统循环的居住环境，为居民提供全新生活方式的引领、生态景观空间的营造、可持续的绿色生活格调。

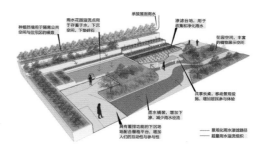

雨水公园
Rainwater Park

"雨水街坊"是雨洪设施的景观化处理，更是城市生态机体至臻完美的升级再造。

"雨水街坊"适合 1 万 ~10 万 m² 的居住社区，营造具有生态和文化需求的景观居住社区营造。主要由三大主要部分组成：水净化廊道，雨水公园，以及生产生活蓄水设施。

生态净化廊道的布置由五大系统组成，使居民生活用水在自家门口进行净化处理回收使用。

雨水公园集生态景观、创新技术、雨洪管理、悦享休憩于一体，同时与生态廊道结合，使园区极具张力的发挥自然"弹性"。

生态生活蓄水设施，建筑屋顶增加屋顶绿化，利用植物滞留能力收集雨水，设置蓄水池，使水资源循环利用。同时收集到的雨水可以用于灌溉。

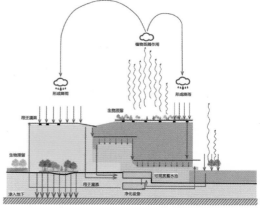

生态生活蓄水设施
Ecological Living Water Storage Facility

4. 节点1设计

（1）节点1

场地位于公园绿地范围内，北邻京密引水渠，节点一的规划设计对于周边地区景观游憩有着重要的作用，依托其原有的大型水塘建立完整的湿地公园系统，形成集生态安全科普教育集散游乐为一体的城市公园。

设计策略从水安全、水生态、水休闲三方面考虑。首先，通过对公园需水量的分析计算最佳雨水收集效率，再确定公园的雨水积蓄容积，从而确保公园收集的外来雨水不会影响公园游憩等基本功能的实现。

其次，结合道路和场地坡度确定主要径流方向，采用"雨水景观塘＋集水模块"集成的模式，形成两个相对独立的雨水收集回用系统，实现雨水的滞蓄、净化和回用。

最后，公园海绵设施的布置也充分考虑了和园区景观的融合，在提升生态效益的同时，保证公园游憩观赏等基本功能的实现。

区位分析
Site Analysis

水安全策略
合理确定公园积蓄容积

水生态策略
顺应公园地形地势，构建雨水收集回用体系

水休闲策略
海绵设施布局与公园景观有机融合

设计策略
Strategy Analysis

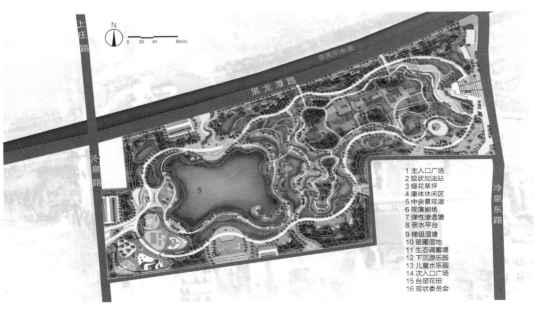

1 主入口广场
2 现状加油站
3 缀花草坪
4 康体休闲区
5 中央景观湖
6 观演剧场
7 弹性渗透塘
8 亲水平台
9 梯级湿地
10 苗圃湿地
11 生态调蓄塘
12 下沉游乐园
13 儿童水乐园
14 次入口广场
15 台层花田
16 现状委员会

节点1设计平面图
Node 1 Site Plan

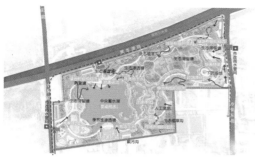

汇水分析
Catchment Analysis

雨水收集利用流程图
Flow Chart of Rainwater Collection and Utilization

1）中心景观湖（4.2hm²）：雨水调蓄、学校公共形象和市民休闲活动载体。

2）蓄水泡（1.1hm²）：局部雨水收集、打造局部的生态景观效果。

3）湿地（0.6hm²）：自然湿地＋人工湿地，担负着水质净化和优化环境功能。

4）截污沟（0.3hm²）：宽度在 8～10 m，承载排洪排涝、生态涵养的功能。

中央景观湖效果（丰水期）
Perspective of Central Landscape Lake（High Water level Period）

中央景观湖效果（枯水期）
Perspective of Central Landscape Lake（Low Water level Period）

生态渗透塘效果（丰水期）
Perspective of Ecological Infiltration Pond（High Water level Period）

生态渗透塘效果（枯水期）
Perspective of Ecological Infiltration Pond（Low Water level Period）

梯级湿塘效果（丰水期）
Perspective of Terraced Wet Pond（High Water level Period）

梯级湿塘效果（枯水期）
Perspective of Terraced Wet Pond（Low Water level Period）

（2）节点 2

周边用地
Land Use Around

交通流线
Transportation Analysis

1 主入口
2 游憩水面
3 滨水步道
4 生境岛
5 冥想空间
6 滨水茶馆
7 雨水滞留池
8 滨水栈道
9 台地水园
10 浅草溪径
11 休憩草坪
12 树阵广场

总平面图
Site Plan

节点 2 周边用地以农林用地为主，场地东侧西侧分布有村庄用地，和现状较为良好的水塘。场地内主要交通流线为南北向村镇道路。在前期场地水文分析的基础上，利用浅山区雨水汇集的条件，通过对场地地形的再设计，涵养蓄积雨水。

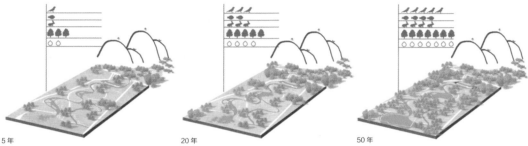

5 年　　　　　　　20 年　　　　　　　50 年

场地发展的三个阶段
Development Forecast

水系统示意剖面图
Section of Water System

滨水栈道效果图
Perspective of Waterfront Path

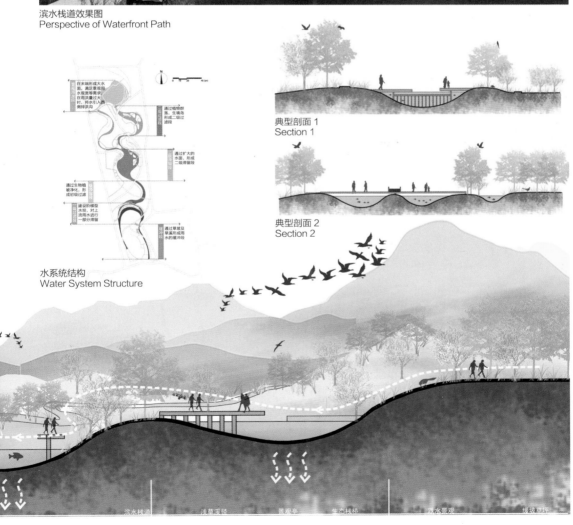

典型剖面 1
Section 1

典型剖面 2
Section 2

水系统结构
Water System Structure

（3）节点3

设计以水利设施效益最大化为前提，构建浅山区与建成区之间的绿色排洪廊道，同时设计满足部分游憩功能的社区公园绿地。

通过沉降池、曝氧池、潜流湿地、表流湿地等水系统策略，营造良好的湿地景观。

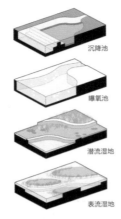

水系统策略
Water System Strategy

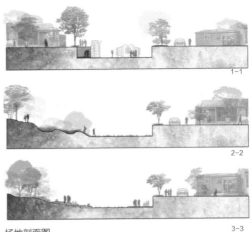

场地剖面图
Site Section

排洪沟效果图
Perspective of Flood Discharge Ditch

湿地效果图
Perspective of Wetland

1 生态停车场
2 湿地
3 出水闸
4 科普中心
5 阳光草坪
6 净化区
7 入水闸

节点3设计平面图
Node 3 Site Plan

（4）节点 4

设置下沉绿地、雨水收集池、雨水花园、生态停车场等生态景观，体现海绵城市的低影响开发理念。吸纳场地雨水并通过渗、滞、蓄、净、用、排等手段加以回用，形成优异的生态水系统循环的居住环境，为居民提供休憩与景观观赏兼备的场所，实现雨水街坊景观化。同时场地设计入口广场、树阵广场、花池广场等多处广场景观，提供良好的休憩交流场地。

林中小径效果图
Perspective of Forest Path

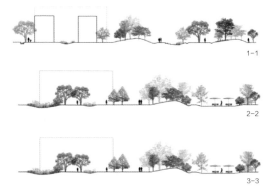

场地剖面图
Site Section

雨水收集池效果图
Perspective of Rainwater Harvesting Pond

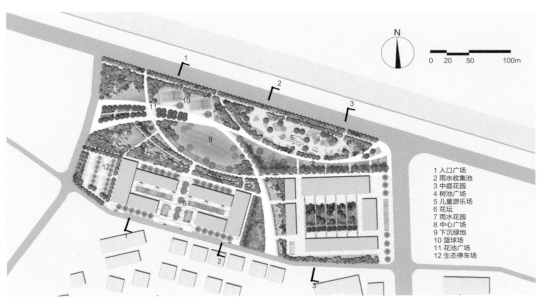

1 入口广场
2 雨水收集池
3 中庭花园
4 树池广场
5 儿童游乐场
6 花坛
7 雨水花园
8 中心广场
9 下沉绿地
10 篮球场
11 花池广场
12 生态停车场

节点 4 设计平面图
Node 4 Site Plan

04 研究团队

RESEARCH TEAM

王向荣

1963 年生，甘肃人，博士，北京林业大学园林学院院长、教授、博士生导师，研究方向为风景园林规划与设计

李倞

1984 年生，河北人，博士，北京林业大学园林学院副教授、硕士生导师，研究方向为现代风景园林设计理论与实践、景观基础设施

李冠衡

1981 年生，山西人，博士，北京林业大学园林学院副教授、硕士生导师，研究方向为景观规划与生态修复、植物景观规划设计、风景园林规划与设计

核心研究团队

Core Researchers

郑曦

1978 年生，北京人，博士，北京林业大学园林学院副院长、教授、博士生导师，研究方向为风景园林规划与设计

匡玮

1982 年生，苏州人，博士，北京林业大学园林学院讲师。研究方向为风景园林规划与设计

崔庆伟

1985 年生，山东人，博士，北京林业大学园林学院讲师，研究方向为矿业景观再生风景园林规划与设计

毕波

1989 年生，河北人，博士，北京林业大学园林学院讲师，研究方向为城乡规划设计与理论、公共服务设施规划、可持续规划设计

魏方

1985 年生，河南人，博士，北京林业大学园林学院讲师、研究方向为当代风景园林设计理论、城市更新背景下的风景园林设计、城市绿色基础设施

张凯莉

1971 年生，北京人，博士，北京林业大学园林学院副教授、硕士生导师，研究方向为风景园林规划与设计

李正

1984 年生，浙江人，博士，北京林业大学园林学院讲师、硕士生导师，研究方向为都市山地景观保护规划与设计

赵晶

1985 年生，山东人，博士，北京林业大学园林学院副教授、硕士生导师，研究方向为园林历史与理论，风景园林规划与设计

200

陈泓宇、张翔
奚秋蕙、徐一丁
陈希希、孙瑾玉
周佳怡、王诗蒙
杨依茗

陈思清、陈燕茹
冯甜、黄潇以
李秋鸿、孙一豪、
闫佳伦、赵琦
张文慧

李马金、赵倩
祖笑艳、陈慧敏、
陈姝婕、舒心仪、
王楚琦、杨子蕾
张浩鹏

康嘉奇、孔阳
马立婷、木皓可
牛慧、孙睿
赵海月、周妍汐
周煜

陈宇、李婧楠
李敏、梁淑榆
林静静、路杭
尹一涵、钟姝
邹天娇

研究生
团队
Postgraduates

范蕾、黄楚梨
梁文馨、任佩佩
孙雪榕、王资清
邢鲁豫

张宜佳、林晗芷
吕婉玥、聂蕾
秦琴、师晓吉、
徐向希

本书编辑工作

排版校对　刘　喆　朱　樱　王　琼　林　捷　吴雪菲　贺　洋　李晓捷